Pilar Teresa Garcia
Jorge Jose Casal

Efeitos da dieta e do genótipo no teor de PUFA n-3 dos lípidos da carne de bovino

Pilar Teresa Garcia
Jorge Jose Casal

Efeitos da dieta e do genótipo no teor de PUFA n-3 dos lípidos da carne de bovino

ScienciaScripts

Imprint

Cover image: www.ingimage.com

This book is a translation from the original published under ISBN 978-620-2-05026-5.

Publisher:
Sciencia Scripts
is a trademark of
Dodo Books Indian Ocean Ltd. and OmniScriptum S.R.L publishing group

120 High Road, East Finchley, London, N2 9ED, United Kingdom
Str. Armeneasca 28/1, office 1, Chisinau MD-2012, Republic of Moldova, Europe
Printed at: see last page
ISBN: 978-620-8-22186-7

Conteúdo

Resumo

O genótipo e a dieta do animal são os principais factores considerados nos actuais sistemas de produção de carne de bovino e afectam o valor nutricional dos lípidos da carne de bovino. As proporções de LA (CH2 n-6) e ALA (CH3 n-3) e, por conseguinte, o rácio LA/ALA dos lípidos da carne de bovino eram geralmente mais saudáveis na carne de bovino alimentada com erva do que na carne de bovino alimentada com cereais. Considerando a importância da competição entre LA e ALA na síntese de LC n-3 PUFAs e, por conseguinte, nas concentrações de EPA (C20:5 n-3), DPA (C22:5 n-3) e DHA (22:6 n-3) nos lípidos da carne de bovino, é possível otimizar os genótipos e as dietas dos animais. A conceção da dieta será de grande importância para melhorar o valor nutricional da carne de bovino. Alimentando corretamente os animais, resolvemos o problema do consumo excessivo de ácidos gordos n-6 em detrimento de ácidos gordos n-3, sem alterar praticamente a dieta. Em conclusão, é possível manipular a composição de ácidos gordos da carne de bovino para um perfil mais saudável (FAO 2010). Embora estas alterações pareçam modestas, para quem não come peixe, os produtos animais como a carne de vaca são as únicas fontes de AGPI n-3 de cadeia longa, e qualquer melhoria na composição de ácidos gordos da carne de vaca resultará num aumento do consumo de ácidos gordos n-3.

Palavras-chave

Carne de bovino saudável; ácido linoleico, ácido linolénico, rácio LA/ALA, PUFAs n-6/n-3

Capítulo 1. Aspectos da saúde humana relacionados com o consumo de lípidos de carne de bovino

Os estudos da ciência da carne estão a fazer avançar o desenvolvimento de alimentos com caraterísticas que beneficiam a saúde humana. A composição dos ácidos gordos da carne depende do facto de a espécie ser ou não um ruminante. Nos animais ruminantes (por exemplo, bovinos e ovinos) a maioria (>90%) dos ácidos gordos insaturados da dieta são hidrogenados em ácidos gordos saturados no rúmen durante a digestão. A carne de não ruminantes (por exemplo, porco, aves de capoeira) contém proporcionalmente mais ácidos gordos insaturados, mas a sua composição continua a depender do perfil de ácidos gordos da alimentação animal. O perfil de ácidos gordos da carne também varia em função da proporção de carne magra e de gordura presente.

A gordura é um componente importante da dieta humana, mas os níveis actuais de ingestão são considerados demasiado elevados e a composição global dos ácidos gordos é desequilibrada. Há uma ingestão excessiva de ácidos gordos saturados (AGS) em relação aos ácidos gordos polinsaturados (AGPI), expressa geralmente como a relação P/S, e o consumo de AGPI n-6 é demasiado elevado em relação aos AGPI n-3. O rácio de AGPI n-6/n-3 é um fator de risco no cancro e nas doenças coronárias, especialmente na formação de coágulos sanguíneos que conduzem a um ataque cardíaco. Mais recentemente, os nutricionistas concentraram-se no tipo de AGPI e no equilíbrio na dieta entre os AGPI n-3 formados a partir de C18:3n-3 (ALA) e os AGPI n-6 formados a partir de C18:2 n-6 (LA) (Russo, 2009). O ALA e o LA servem como moléculas precursoras a partir das quais o resto dos ácidos gordos pertencentes à família dos ácidos gordos n-3 e n-6 podem ser sintetizados através de uma série de reacções de alongamento e dessaturação. Todas as reacções são catalisadas por um sistema enzimático que consiste em acil-CoA gordos sintetases Δ-6 e Δ-5 desaturases e respectivas elongases. Estas duas famílias de ácidos gordos não só partilham estas enzimas, como também competem pelas mesmas enzimas (Brenner, 1989).

A composição em ácidos gordos (FA) da carne de bovino tem sido alvo de um interesse considerável devido às suas implicações para a saúde humana e para a qualidade da carne. Para muitos médicos e consumidores, os lípidos da carne de bovino são considerados um componente não saudável. As carnes de ruminantes, bovina e ovina, são particularmente preocupantes para os consumidores devido ao elevado nível de ácidos gordos saturados (AGS) quando comparadas com a carne de porco ou de aves. No entanto, a carne de ruminantes tem um grande potencial para se tornar um alimento funcional devido à presença de alguns ácidos gordos monoinsaturados (MUFAs), ácidos gordos polinsaturados (PUFAs), em particular os PUFAs n-3 de cadeia longa, e os isómeros do ácido linoleico conjugado (CLA), que têm efeitos favoráveis na saúde humana (Pariza t al., 2001). As baixas concentrações de AGPI e as elevadas concentrações de AG saturados nos tecidos dos ruminantes resultam da biohidrogenação dos AGPI da dieta no rúmen. (Harfoot & Hazlewood, 1988). Os microrganismos ruminais in vitro não hidrogenaram o EPA e o DHA de forma significativa (Ashes *et al.,* 1992). A expressão da estearoil-CoA dessaturase (SCD) está associada à hipertrofia dos adipócitos numa série de espécies (Martin *et al.,* 2002). Por conseguinte, a redução da atividade da enzima SCD pode diminuir a adiposidade da carcaça. O miristato, o palmitato e o estearato são convertidos nos ácidos gordos monoinsaturados correspondentes (n-9) pela Δ^9 dessaturase e o palmitato é convertido em estearato através do alongamento da cadeia pela elongase. (Zembayashy *et al.,* 1995). Os tecidos com menor atividade de dessaturase (por exemplo, o lombo e a perna) são mais susceptíveis a diferenças no fluxo ruminal de ácidos gordos causadas por alterações na biohidrogenação ruminal. A expressão e a atividade da Δ^9 dessaturase tecidular ou da esteril-CoA dessaturase (SCD) demonstraram ser inibidas pelos AGPI. O efeito depressivo dos AGPI na SCD aumenta com o aumento do comprimento da cadeia de carbono e do número de ligações duplas no interior do AGPI (Ntambi, 1999).

Capítulo 2. Metabolismo dos ácidos linoleico e alfa-linolénico

Os ácidos linoleico (LA) e alfa-linolénico (ALA) pertencem às séries n-6 (ómega 6) e n-3 (ómega 3) de ácidos gordos polinsaturados (PUFAs), respetivamente. Os ácidos gordos LA e ALA são definidos como ácidos gordos essenciais porque não são sintetizados no corpo humano, pelo que têm de ser obtidos através da alimentação. Assim, é essencial fornecer estes dois ácidos na dieta, porque são precursores dos ácidos gordos polinsaturados de cadeia longa (LC-PUFAs) LA,

Fig. 1. Metabolismo dos ácidos gordos polinsaturados n-6 e n-3

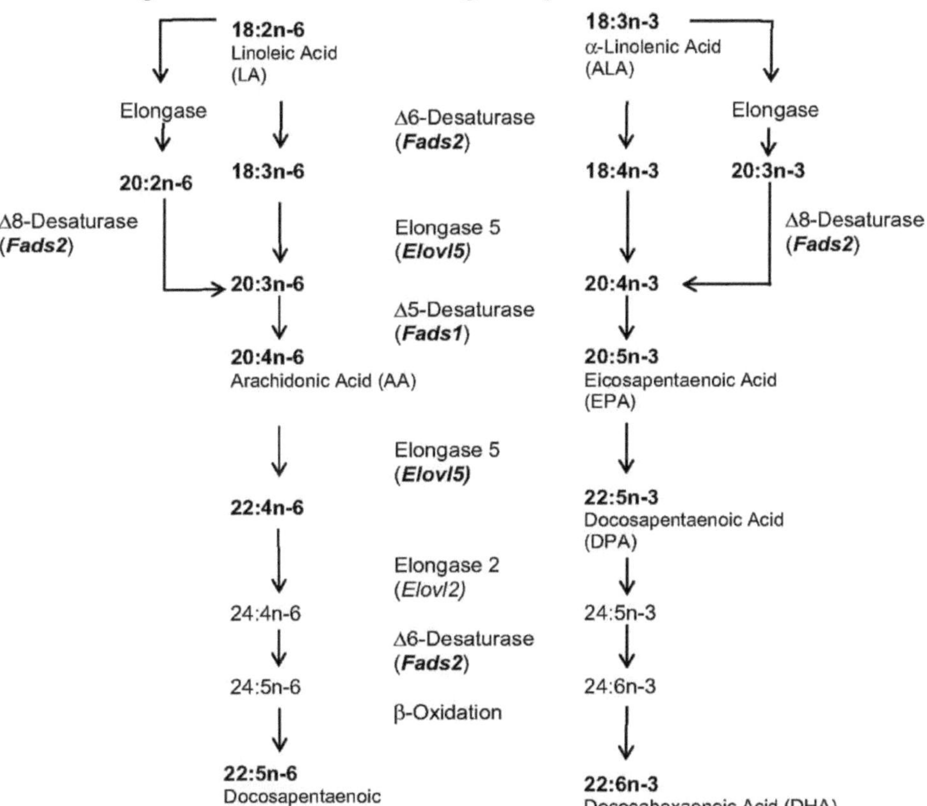

que se encontra praticamente em todos os alimentos, é o PUFA mais importante na dieta ocidental, mas o ALA só está presente em algumas sementes (Quadro 1).

Quadro 1. Principais fontes naturais de ALA

Nome comum	Nome científico	ALA/100g
Linhaça	Linum usitatissimum	22.8a
Óleo de linhaça	Linum usitatissimum	53.3a
Perilla	Perilla frutescens	58.0
Sementes de chia	Salvia hispanica	17.6a
Óleo de camelina	Camelina Sativa	38.0c
Óleo de canola	Brassica campestris	9.1a
Óleo de soja	Glicina max	6.8a
Soja verde crua	Glicina max	0.4
Nozes	Juglans regia	9.1a
Amora silvestre	Rubus chamaemorus	1.2b
Mirtilo	Vacina corymbosum	0.8b
Acerola	Vaccinium vitis-idaea	0.2b

a) Agricultural Research Service USA 2009. b) Bere E. 2007 c) Karvonen et al., 2002

Uma vez que o AL é o precursor metabólico do ácido araquidónico (ARA) e dos eicosanóides bioactivos derivados, existe a preocupação de que o AL dietético possa aumentar a formação de ARA e eicosanóides nos tecidos e, subsequentemente, aumentar o risco e/ou exacerbar as condições associadas a doenças agudas e crónicas (Whelan, 2008).

A conversão de ALA em LC-PUFAs n-3, especialmente 22:6 n-3 (DHA) em humanos é escassa e é afetada pelos rácios LA/ ALA, pelo total de PUFAs e pelas quantidades de ALA na dieta (Barcelo-Coblijn & Murphy, 2009). A conversão de ALA em LC-PUFAs diminui com rácios elevados de LA/ALA na dieta. Além disso, a ingestão de ácidos gordos n-6 influencia as concentrações tecidulares de AGCL n-3 (Brenna *et al.* 2009). As interações competitivas entre os AGPI n-6 e n-3 ao nível da formação e da ação dos eicosanóides parecem estar diretamente relacionadas com os potenciais benefícios atribuídos a um equilíbrio alimentar adequado de AGPI n-3 e n-6. Com rácios alimentares mais elevados de n-6/n- 3 PUFAs, os eicosanóides pró-inflamatórios/agregadores do LA são favorecidos em relação aos do ALA, apresentando efeitos anti-inflamatórios/agregadores. O controlo da síntese de LC-PUFA n-3, como o EPA (20:5 n-3) e o DHA, a partir do ALA, bem como o controlo dos respectivos eicosanóides através do consumo da proporção optimizada de n-6 para n-3 é, portanto, o foco de interesse nutricional específico.

Uma vez que os membros das famílias de ácidos gordos PUFAs n-6 e n-3 competem pelos sistemas enzimáticos correspondentes, a conversão de LA ou ALA nos seus homólogos de cadeia mais longa é significativamente influenciada pela composição das gorduras alimentares. A maior parte da gordura ingerida pelos seres humanos provém de produtos de origem animal (carne, leite, ovos, etc.). Esta situação mudou porque os animais costumavam comer principalmente forragens (alto teor de ALA e baixo teor de LA), mas atualmente comem menos forragens e consomem mais cereais e soja (alto teor de LA e baixo teor de ALA). Como resultado, os produtos animais são agora muito mais ricos em AGPI n-6 e mais pobres em AGPI n-3. Smink *et al.* (2013) suprimiram o efeito da ingestão de ALA nos AGPI-LC n-3 pela ingestão de LA e suprimiram a concentração de AGPI-LC n-6 no plasma sanguíneo pelo ALA dietético. Eles descobriram que o efeito inibidor do ALA no ARA sanguíneo, em ingestões iguais e crescentes, era mais forte do que o efeito estimulante do LA como precursor. A análise da ingestão de n-3 PUFAs, as recomendações de ingestão e as alegações de saúde limitam-se frequentemente ao ALA, EPA e DHA e omitem o ácido docosapentaenóico (DPA). O DPA é um intermediário na produção de DHA a partir do EPA e a sua contribuição para os lípidos da carne de bovino é superior à do EPA e do DHA. Os atributos funcionais e nutricionais do DPA são largamente desconhecidos, mas alguns estudos mostraram que o DPA parece ser um ponto final primário para a síntese de PUFAs n-3 a partir do ALA (Howe *et al,* 2006).

As principais enzimas envolvidas na produção de SFAs são a sintase de ácidos gordos (FAS) e a acetil-CoA-carboxilase α (AACα) (Smith *et al.,* 2009). A biossíntese de MUFA é catalisada pela estearoil-CoA dessaturase (SDC) e as enzimas chave na biossíntese de PUFAs são a A6-desaturase (Δ6d) e a Δ5- dessaturase (Δ5d) (Ntambi, 1999). As enzimas dessaturantes, Δ9, Δ6 e Δ5, introduzem ligações cis-duplas na cadeia de carbono dos AG de cadeia longa. Estas enzimas catalisam a síntese de MUFAs e PUFAs de cadeia longa, que são necessários para manter as estruturas das membranas, participar na comunicação e diferenciação celular, para a sinalização de eicosanóides e para regular a expressão genética. Os índices de AG individuais têm sido utilizados como medida de substituição das actividades da dessaturase em estudos observacionais e têm sido relacionados com diversas variáveis. Algumas publicações também sugeriram o envolvimento da SCD na formação da gordura intramuscular (IMF) (Wang *et al.*, 2005).

O ALA (C18:3 n-3) é um substrato para a síntese dos ácidos gordos ómega 3 de cadeia mais longa EPA (C20:5 n-3), DPA (22:5 n-3) e DHA (C22:6 n-3), que desempenham um papel importante na regulação das reacções inflamatórias e imunitárias e da pressão arterial, no desenvolvimento cerebral, na função cognitiva, etc. (Sirot *et al.*, 2008). A American Heart Association (AHA) recomenda que se aumente o consumo de ácidos gordos n-3 e que se atinja um rácio baixo de ómega 6/ómega 3 para se atingir um estado saudável (Russo, 2009).

Existem dois destinos metabólicos básicos para o ALA. Primeiro, é sujeito a oxidação 0 e a uma extensa reciclagem de carbono. Em segundo lugar, é convertido em ácidos gordos mais longos através de alongamento e dessaturação. O destino predominante do ALA é o catabolismo (Demar *et al.* 2005) e a reciclagem de carbono para acetato (Cunnane *et al.* 1997, 2003). Em roedores, apenas 16% de uma dose de ALA é encontrada em tecidos de ratos, principalmente adiposos, e 6% foi alongada/desaturada (Kaduce *et al.* 2008). O aumento do teor de ALA da dieta materna de ratos lactantes levou a um aumento de ALA, EPA e DPA em todo o corpo, na pele e nas almofadas de gordura epididimária, mas não houve efeito no teor de DHA destes tecidos nem no cérebro ou nos músculos (Bordoni *et al.* 1996). Nos estudos sobre o metabolismo do ALA, o principal objetivo é determinar se este é convertido em quantidades suficientes para manter níveis adequados de DHA nos tecidos. Embora tenha sido dada menos importância à acumulação de EPA e DPH. A conversão de ALA de óleos vegetais em ácidos gordos de cadeia longa EPA (C20:5 n-3), DPA (C22:5 n-3) e DHA (C22:6 n-3) é um ponto quente neste momento porque muitos estudos consideram que a sua conversão não é importante.

Existem poucas dúvidas quanto à natureza essencial do ALA, mas a capacidade do ALA dietético para manter níveis adequados de ácidos gordos de cadeia longa continua a ser bastante controversa (Barcelo-Coblijn & Murphy, 2009). A metabolização do ALA em cadeia longa parece ser afetada por vários factores, como as quantidades de outros ácidos gordos na dieta, como o LA, o sexo, a espécie animal, etc. Recentemente, foram publicadas várias revisões sobre o metabolismo do ALA em EPA, DPA e DHA (Burdge & Calder, 2005). O EPA e o DHA apresentam efeitos diferentes em várias funções dos leucócitos, células secretoras de insulina e células endoteliais. Estas diferenças estão associadas aos seus efeitos na físico-química das membranas, nas vias de sinalização intracelular e na expressão génica (Gorjao *et al.,* 2009).

Foram publicados vários estudos que descrevem a manipulação da composição de ácidos gordos da carne animal, mas prestando menos atenção aos PUFAs de cadeia longa. O óleo de soja é uma das poucas fontes vegetais que fornece grandes quantidades de ácidos gordos essenciais C18:2n-6 e C18:3n-3. O teor de ácidos gordos dos alimentos de soja não é muitas vezes reconhecido pelos profissionais de saúde, talvez porque as proteínas de soja são o foco principal. Os principais ácidos gordos do óleo de soja são o ácido gordo essencial linoleico (C18:2 n-6) (54%), o ácido oleico (C22%), o ácido palmítico (C16:0) e o ácido gordo essencial ómega 3 alfa-linolénico (C18:3 n-3) (8%). A soja é utilizada nas dietas de bovinos, aves e suínos e poderia ser uma fonte mais importante de ALA para a nutrição animal e aumentar o ALA e os seus metabolitos de ácidos gordos nas carnes. O óleo de canola é a outra fonte importante de óleos comerciais que contêm o precursor do ácido alfa-linolénico (ALA). A genómica, especificamente o melhoramento de plantas assistido por marcadores, combinado com a tecnologia do ADN recombinante, proporcionou meios poderosos para modificar a composição das sementes oleaginosas, a fim de melhorar o seu valor nutricional e proporcionar as propriedades funcionais exigidas por vários óleos alimentares (Owen & Sing, 2005). Num estudo clínico (James *et al.,* 2003) observou-se que o SDA era superior ao ALA como precursor por um fator de 3,6 na produção de EPA, DHA e DPA (22:5 n-3). A criação moderna de plantas, quer através de reprodução selectiva quer de modificações genéticas, oferece a oportunidade de alterar o perfil de ácidos gordos das plantas. O resultado foi o desenvolvimento de plantas de soja, tradicionalmente ricas em AGPI, que são ricas em AGMI, e de plantas de colza, tradicionalmente ricas em AGMI, que são ricas em AGPI.

Se os seres humanos receberem uma fonte enriquecida de ALA, verifica-se um aumento geral de ALA, EPA e DPA no plasma, nos glóbulos vermelhos e nas células mononucleares (Goyens *et al.*, 2006). A conversão e a acumulação de DHA a partir do ALA dietético são mais controversas e menos consistentes. Surgiram recentemente várias revisões sobre a questão do metabolismo do ALA em EPA, DPA e DHA. Brenna *et al.*, 2009 concluíram que existem poucas dúvidas quanto à natureza essencial do ALA, mas a capacidade do ALA dietético para manter níveis adequados de ácidos gordos n-3 de cadeia longa nos tecidos continua a ser bastante controversa. De acordo com estudos recentes, a conversão do ácido a-linolénico (ALA) em LC-PUFA n-3, especialmente DHA (C22:6 n-3), é afetada pelo rácio LA/ALA, pelo total de PUFAs e pelas quantidades de ALA na dieta. Para uma dada concentração dietética de ALA, a conversão de ALA em AGCL é reduzida por rácios elevados de LA/ALA na dieta. Além disso, a ingestão de n-6 FAs influencia as concentrações tecidulares de n-3 LC-PUFAs. As provas crescentes de interações competitivas entre os AGPI das famílias dos AG n-6 e n-3 ao nível da formação e da ação dos eicosanóides, tromboxanos, prostaciclinas, prostaglandinas e leucotrienos parecem estar diretamente relacionadas com os potenciais benefícios atribuídos a um equilíbrio alimentar adequado entre os AGPI n-3 e n-6. Com rácios mais elevados de PUFAs n-6/n-3 na dieta, os eicosanóides pró-inflamatórios/agregadores do LA são favorecidos em relação aos do ALA, que apresentam efeitos anti-inflamatórios/agregadores. O controlo da síntese de n-3 LCPUFA, como o EPA e o DHA a partir do ALA, e dos respectivos eicosanóides através do consumo da proporção optimizada de n-6 para n-3 é, portanto, de particular interesse nutricional. Para garantir uma produção equilibrada de eicosanóides, o rácio n-6/n-3 deve situar-se entre 4:1 e 6:1 (Gester *et al.*,1998). Esta é uma das principais razões pelas quais se considera que a carne obtida de animais criados em pastagens tem um valor mais elevado para a saúde humana, em comparação com a carne de animais alimentados com concentrados. O efeito da ingestão de ALA nos n-3 LCPUFA foi suprimido pela ingestão de LA e o ALA dietético suprimiu a concentração de n-6 LCPUFA no plasma sanguíneo em mais de 50%. Quando comparado com uma dose incremental igual, o efeito inibidor do ALA no ácido araquidónico do sangue foi mais forte do que o efeito estimulante do LA como precursor (Smink *et al.,* 2013).

A utilização potencial de produtos animais como veículos para fornecer ácidos gordos n-3 tem sido objeto de intensa investigação (Moghadasian, 2008). A composição lipídica dos tecidos do corpo animal depende em grande medida do contexto alimentar dos animais não ruminantes produtores de carne. Tem havido um interesse crescente na substituição de fontes de gordura animal por óleos vegetais na alimentação animal. Tem-se atribuído aos óleos vegetais a redução do nível de saturação no tecido adiposo animal devido à sua concentração de ácidos gordos insaturados, quando comparados com a gordura animal. Uma vez que algumas carnes têm naturalmente um rácio P/S de cerca de 0,1, a carne tem sido implicada na causa da ingestão desequilibrada de ácidos gordos dos consumidores actuais. Assim, o rácio recomendado deve ser aumentado para mais de 0,4. Além disso, alguns óleos vegetais são ricos em PUFA n-3, maioritariamente C18:3 n-3. O aumento do teor de n-3 na carne animal pode ser conseguido através da inclusão na dieta de óleo de peixe ou farinha de peixe, ricos em EPA e DHA, ou de óleos vegetais ricos em ALA. Uma dieta rica em ALA resulta num aumento do nível de ALA, EPA e DPA na carne, enquanto na maioria dos casos não se observou qualquer efeito no nível de DHA. Foram publicadas várias revisões que abrangem estudos que descrevem a manipulação da carne animal, mas que prestam menos atenção aos AGPI de cadeia longa. Todos os dados devem ser apresentados como g/100g de ácidos gordos totais para obter uma melhor comparação dos resultados provenientes de estudos com grandes diferenças no teor de gordura. O ácido gordo da fração neutra foi caracterizado por uma elevada proporção de SFA e MUFA, enquanto a fração PL mostrou uma elevada proporção de PUFA (Raes, De Smet & Demeyer, 2004). O EPA e o DHA, e em menor grau o DPA, encontram-se principalmente em produtos marinhos, e a adição de óleo de peixe a dietas de suínos foi avaliada em várias experiências com diferentes níveis de inclusão. De um ponto de vista geral, a suplementação com óleo de peixe parece ser a forma mais eficaz de aumentar a deposição de DHA nos tecidos, enquanto a inclusão na dieta de ingredientes, linhaça e óleo de linhaça, contendo o seu precursor, ALA, resulta apenas num pequeno aumento de DHA, provavelmente devido à conversão limitada de DPA em DHA (Portolesi, Powell & Gibson, 2007; Pawlosky *et al.,* 2003). As microalgas, a fonte original de DHA na cadeia alimentar marinha (abril *et al.,* 2003), foram incluídas nos alimentos para animais para melhorar o nível de DHA dos alimentos de origem animal.

Existem muitas provas de que o aumento do consumo de ácidos gordos n-3 protege contra a doença coronária e que o consumo excessivo de ácidos gordos n-6 em detrimento dos ácidos gordos n-3 promove a doença coronária e outras doenças. A análise da ingestão de PUFA n-3, as recomendações de ingestão e as alegações de saúde limitam-se frequentemente ao C18:3 (ALA), C20:5 (EPA) e C22:6 (DHA) e omitem frequentemente o C22:5 (DPA). O DPA é um intermediário na produção de DHA a partir do EPA e a sua contribuição para os lípidos dos ruminantes é superior à do EPA e do DHA. Os atributos funcionais e nutricionais do DPA são largamente desconhecidos, mas alguns estudos mostram que o DPA parece ser um ponto final primário para a síntese de PUFA n-3 a partir de ALA (Howe *et al*., 2006).

A maior parte dos estudos de investigação na literatura refere a composição dos AG nos lípidos totais do músculo, a fim de avaliar a sua importância para a saúde humana. No entanto, os AG mais preocupantes, os PUFAs n-3 e n-6, encontram-se principalmente na fração de fosfolípidos (PL) dos lípidos da carne. Embora o teor de PL no músculo seja estritamente controlado por um sistema enzimático complexo constituído por desaturases e elongases para converter C18:2 n-6 e C18:3 n-3 nos seus metabolitos de cadeia longa, existe uma competição pela incorporação no PL entre os PUFAs n-6 e n-3.

Os PUFA n-3 diminuíram linearmente à medida que as quantidades de cereais na dieta aumentaram (Garcia *et al.,* 2008). Os efeitos hiperlipidémicos do 20:4 n-6 são contrariados pelo 20:5 n-3 (Scientific Review Committee, 1990). As concentrações de DHA (22:6 n-3), amplamente reconhecido como o nutriente essencial no cérebro para o funcionamento normal do tecido neural, foram de 0,43, 0,18, 0,14 e 0,16 % para T1, T2, T3 e T4, respetivamente.

A biossíntese de AGPI de cadeia longa a partir de C18:3 n-3 parece ser uma via secundária em várias espécies. Em contrapartida, o C20:5 n-3 pode ser bem utilizado para a síntese de outros AGPI de cadeia longa, como o C22:6 n-3. Um mecanismo de controlo de feedback que responde às concentrações plasmáticas de C22:6 n-3 pode afetar os processos que regulam a sua própria síntese, mantendo assim a homeostase do C22:6 n-3 durante as alterações alimentares (Pawlosky *et al.*, 2003).

A formação e a ação dos eicosanóides parecem estar diretamente relacionadas com os potenciais benefícios atribuídos a um equilíbrio alimentar adequado de AGPI n-3 e n-6. A análise da ingestão de AGPI n-3, as recomendações de ingestão e as alegações de saúde limitam-se frequentemente ao ALA, EPA e DHA e omitem o ácido docosapentaenóico (DPA). O DPA é um intermediário na produção de DHA a partir do EPA e a sua contribuição para os lípidos da carne de bovino é superior à do EPA e do DHA.

Capítulo 3. Efeitos dos factores de produção nas concentrações de LA e ALA e no rácio LA/ALA

Vários factores, incluindo a dieta, o teor total de gordura, a raça, o genótipo, a idade e o sexo, afectam a composição em ácidos gordos do tecido adiposo e do músculo dos bovinos. Também difere entre os locais de depósito adiposo ao longo da carcaça. Outros factores são a estação do ano, o regime de alimentação, a composição botânica, a frescura da erva, a suplementação, a altitude, etc. (Wood *et al.,* 1997). A composição em ácidos gordos dos lípidos da carne de bovino de um sistema de produção específico representa os efeitos de todos estes factores.

A influência da raça, do genótipo, da dieta, do sexo, da idade, da estação do ano, da localização anatómica, etc. Nas proporções de LA e ALA e no rácio LA/ALA são apresentados nos quadros 2 e 3.

| Tabela 2. Influência da raça, do sexo e da localização anatómica no ácido linoleico (LA), no ácido a-linolénico (ALA) e na relação LA/ALA nos lípidos corporais dos bovinos.

Item	LA %	ALA%	LA/ALA	Referência
LD Angus	4.07	0.85a	4.79	Garcia *et al.* 2008
LD Charolaise x Angus	4.38	0.84a	5.21	
LD Holando x Angus	4.41	0.73b	6.04	
LD Erva Holstein Alemã	4.32b	1.67c	2.59	Nuernberg *et* al. 2005
Concentrado LD German Holstein	4.11b	0.34b	12.09	
LD Erva Simental Alemã	6.56a	2.22a	2.81	
LD Concentrado de Simental Alemão	5.22ab	0.46b	11.34	
LD erva Nguni	2.41	2.41	1.00	Muchenje *et al.* 2009
LD erva Bonsmara	2.49	2.48	1.00	
LD grass Angus	2.21	2.20	1.00	
Gordura subcutânea Brahman	4.3	0.9	4.77	De Smet *et al.* 2004

Gordura subcutânea Hereford	1.7	0.7	2.42	
Gordura subcutânea Angus	1.9	0.1	19	
Gordura subcutânea Australiana	1.6	0.5	3.2	
Gordura subcutânea J._Black	2.0	0.2	10	
Gordura subcutânea _Hanwoo	4.2	0.4	11	
L. thoracis Simmental NL	3.91b	0.46a	8.5	Corazzin *et* al. 2012
L. thoracis Holstein NL	8.00a	0.53a	15.09	
L. thoracis Simmental PL	35.02a	1.42	24.66	
L. thoracis Holstein PL	30.33b	1.36	22.30	
Boi Gordura subcutânea	2,6a	0.67b	3.88	Zembalashy *et al.* 1995
Novilha Gordura subcutânea	1.9b	0.90a	2.11	
Boi Gordura intramuscular NL	2.2	0.68	3.24	
Novilha Gordura intramuscular NL	2.0	0.92	2.17	
Boi Gordura intramuscular PL	21.3	1.9	11.21	
Gordura intramuscular da novilha PL	22.2	2.1	10.57	
LT Novilhas Simmental C	5.7b	0.21b	27.14	Karoyli *et al.* 2009
LT Simmental Bulls C	10.8a	0.34a	31.76	
Tecido adiposo Novilhas C	2.4b	0.18b	10.00	
Tecido adiposo Touros C	3.5a	0.24a	14.58	
LD outono Masculino NL	2.83	0.68	4.16	Costa *et al.* 2006(46)
LD Mola Macho NL	2.74	0.56	4.89	
LD outono Feminino NL	2.74	0.58	4.72	
LD Mola Fêmea NL	2.55	0.63	4.04	
LD outono Masculino PL	16.58b	2.48	6.69	
LD Mola macho PL	19.17a	2.25	8.52	

LD outono Feminino PL	15.73	2.15	7.32	
LD Mola Fêmea PL	16.45	2.58	6.37	
Bifes crus Músculo	3.5a	1.2a	2.92	Jiang *et* al. 2010
Bifes crus a marmorear	1.4b	0.7b	2.00	
Tecido adiposo Peito de frango	1.63c	na		Turk *et al.* 2009
Tecido adiposo Chuck	1,86ab	na		
Tecido adiposo Flanco	1,95ab	na		
Tecido adiposo Lombo	1,97ab	na		
Tecido adiposo Placa	1.98a	na		
Costela	1,95ab	na		
Redondo	1.76bc	na		
Lombo	1,87ab	na		
LD Bulls 14 meses	6.31a	1.40a	4.51	Barton *et al.* 2011
LD Bulls 18 meses	5.21b	1.10b	4.74	
Novilhas LD 14 meses	4.12c	0.89c	4.63	
Novilhas LD 18 meses	3.55d	0.78d	4.55	
L. *lumborum*	4.15a	0.93a	4.46	Pavan *et al.* 2007
Gordura subcutânea	0.95b	0.44b	2.16	
Bois L. lumborum	8.63b	1.69	5.11	Monteiro *et al.*2005
L. lumborum bulls	10.44a	1.67	6.25	

a,b,c Indica uma diferença significativa (pelo menos $p<0,05$) entre a raça, o sexo ou a localização anatómica indicados em cada estudo respetivo. "na" indica que o valor não foi registado no estudo original. LD: *Longissimus dorsi;* LT: *Longissimus thoracis;* L: *Longissimus;* NL: Lípidos neutros; PL: Fosfolípidos.

Quadro 3. Influência do sistema de produção no ácido -linoleico (LA), no ácido a-linolénico (ALA) e no rácio LA/ALA nos lípidos corporais dos bovinos.

Item	LA%	ALA %	LA/ALA	Referência
LD Apenas pastagens (P)	3.41b	1.30a	2.62	Garcia *et al.* 2008
LD P+0,7% grão	3.61b	0.89b	4.06	
LD P+1% grão	3.93b	0.74b	5.31	
Grão LD	6.19a	0.28c	22.11	
LD Concentração/ silagem	2.98b	0.80b	3.73	Sarries *et al.* 2009
Relva LD	3.29b	1.76a	2.94	
LD Grama+Óleo de girassol	4.74a	1.12b	4.23	
LD Erva+óleo de sementes de linho	3.86b	1.81a	2.13	
Gordura subcutânea D1	0.88b	0.48a	1.83	Mir *et al.* 2000
Gordura subcutânea D2	0.86b	0.44a	1.95	
Gordura subcutânea D3	0.99b	0.47a	2.11	
Gordura subcutânea D4	0.92b	0.49a	1.88	
Gordura subcutânea YOTM	1.13b	0,42ab	2.69	
Gordura subcutânea YUTM	1.57a	0.24b	6.54	
LD Feedlot	11.95	0.48a	24.89	Alfaia *et al.* 2009
LD Pastagem +4 meses C	10.07	0.84a	11.99	
LD Pastagem +2 meses C	11.38	1.96b	5.81	
LD Pastagem	12.55	5.53c	2.27	
Pastagem de acabamento LD	5.07b	2.39	2.12	Varela *et al.* 2004
LD Acabamento Silagem de milho	6.04a	1.58	3.82	
Carne de bovino Carnalentejana-PDO				
LT outono	8.11c	0.31	26.16	Alfaia *et al.* 2006
ST outono	11.4b	0.37	30.81	

LT primavera	10.0b	0.32	31.25	
primavera ST	11.3b	0.39	37.66	
Carne de bovino produzida de forma intensiva LT	11.0b	0.30	36.66	
Carne de bovino produzida de forma intensiva ST	17.7a	0.42	42.14	
LD Silagem de erva	3.52	1.88a	1.87	Faucitano *et al.* 2008
Silagem de erva + 4% de farinha de soja	2.50	0.83b	3.01	
Silagem de erva + 8% de farinha de soja	2.72	0.72b	6.46	
LD Vacas de reforma Silagem de erva	1.87b	0.71b	2.63	Berthelot *et al.* 2010
LD Vacas de reforma Silagem de trevo vermelho	2.64a	1.54a	1.71	
LD PL Touros Simmental LA	22.6	2.5	9.04	Herdmann *et al.* 2010
LD PL Touros Simmental ALA	23.7	4.3	5.51	
LD TRI Touros Simmental LA	1.8	0.5	3.60	
LD TRI Simmental Bulls ALA	2.3	0.9	2.55	
L.thoracis Sementes de linho NL	8.20a	0.64a	12.81	Corazzin *et al.* 2012
L.thoracis Controlo NL	3.71b	0.35b	10.6	
L.thoracis Sementes de linho PL	31.72a	1.62a	19.50	
L.thoracis Controlo PL	33.62a	1.17b	28,74	
LD Forragem:C 60 :40% NL	0.92	0.36	2.55	Scollan *et al.* 2001
LD F:C +Sementes de linhaça NL	0.79	0.59	1.33	

LD F:C +Óleo de peixe NL	0.57	0.38	1.50	
LD F:C +Óleo de semente de peixe NL	0.72	0.41	1.76	
LD Forragem:C 60 :40% PL	11.4	2.13	5.35	
LD F:C +Sementes de linhaça PL	10.1	4.34	2.33	
LD F:C +Óleo de peixe PL	8.4	2.37	3.54	
LD F:C +Óleo de semente de peixe PL	9.2	3.49	2.64	
Controlo da carne de bovino moída	2.09	0.21b	9.95	Leheska *et al.* 2008
Alimentação à base de erva	1.71	0.67a	2.55	
Controlo de bifes de tiras	2.38	0.13b	18.31	
Bife de tira alimentado com erva	2.01	0.71a	2.83	
LD Angus Concentrado NL	1.7a	0.1b	17.00	Lourenco *et al.* 2008
LD Angus Silagem de erva NL	0.6b	0.4a	1,5	
LD Angus Concentrado PL	18.6a	0.5b	37.2	
LD Angus Silagem de erva PL	5.9b	3.3a	1.78	
Controlo	2.67	0.36	7.42	Juarez *et al.* 2011
Controlo + Vitamina E	2.83	0.35	8.08	
Controlo + Sementes de linhaça	2.51	1.35	1.86	
Controlo	2.83	1.60	1.76	
LT Semi-intensivo 12 meses	14.2a	3.54a	4.01	Humada *et al.* 2012
LT Semi-intensivo 14 meses	10.5b	3.24a	2.97	
LT Intensivo 12 meses	9.95b	0.33b	30.15	
LT Intenive _ 14 meses	10.7b	0.37b	27,22	
LDlumborum primavera	4.26b	0.81a	5.26	Pestana *et al.* 2012

LD lumborum outono	4.32b	0.44b	9.82	
Semitendinoso primavera	9.38a	1.32a	7.11	
Semitendinoso outono	10.15a	0.91b	11.15	
Relva LM _TL	2.35b	1.37a	1.72	Noci *et al.* 2007
LM Erva+óleo de girassol TL	3.17a	0.87b	3.64	
LM Óleo de sementes de gramíneas TL	2.59b	1.35a	1,92	
LM Relva NL	1.21b	0.84a	1.44	
LM Erva+óleo de girassol NL	1.45a	0.56b	2.59	
LM Óleo de sementes de gramíneas NL	1.26b	0.83a	1.52	
Relva LM _PL	12.05c	5.92a	2.04	
LM Erva+óleo de girassol PL	17.93a	3.53b	5.08	
LM Óleo de sementes de gramíneas PL	14.66b	5.92a	2.48	
LM Óleo de milho 0%	2.42	0.76a	3.18	Pavan *et al.* 2007
Milho LM 0,75%	2.67	0.69b	3.87	
Milho LM 1,5%.	2.55	0.60b	4.25	

a,b,c. Indica uma diferença significativa (pelo menos $p<0,05$) entre o sistema de produção registado em cada estudo respetivo. "na" indica que o valor não foi relatado no estudo original. LD: *Longissimus dorsi:* SM: *Semimembranosus;* LT: *Longissimus thoracis;* ST: *Semitendinosus;* NL: Lípidos neutros; PL: Fosfolípidos. TL: lípidos totais

Os dados relativos ao LA e ao ALA, precursores dos LC-PUFAs, variaram muito em função da idade do gado, do tipo de raça e das dietas de acabamento, o que indica que podem ocorrer grandes variações na composição de ácidos gordos nos sistemas de produção (Garcia, 2012). É sabido que a composição em ácidos gordos da carne de bovino e, consequentemente, o seu valor nutricional, pode ser manipulada por abordagens genéticas e nutricionais, embora se reconheça que os factores genéticos proporcionam diferenças menores do que os factores dietéticos.

A idade de abate afectou as proporções de LA ou ALA. O LA e o ALA estavam fortemente correlacionados de forma positiva com a gordura intramuscular do músculo *Longissimus dorsi* a nível quantitativo (mg/100g de tecido fresco), mas existem coeficientes de correlação negativos para a proporção relativa destes ácidos gordos com o teor de gordura intramuscular. As relações entre a gordura intramuscular e o perfil de ácidos gordos das fracções de triglicéridos e fosfolípidos são mais fracas em comparação com a gordura muscular total. A taxa de crescimento animal, através dos seus efeitos na formação de gordura, pode influenciar fortemente a composição de ácidos gordos do músculo (Aurousseau *et al.,* 2004). A discrepância dos resultados pode estar relacionada com diferentes tipos ou qualidades de forragem ou com a utilização de diferentes raças. As diferenças de sexo e de idade na composição dos ácidos gordos do músculo podem frequentemente ser explicadas pelo grau de gordura e pelas alterações associadas na relação triacilglicerol/fosfolípidos. No entanto, mesmo após a correção do grau de gordura, foram registadas diferenças na composição lipídica da carcaça entre novilhos e novilhas e entre touros e novilhos (Zembalashy *et al.,* 1995; Monteiro *et al.,* 2005, 2012). No entanto, são escassos os estudos que comparam a composição de ácidos gordos entre touros e novilhas sem quaisquer efeitos de confusão da dieta e da idade. As diferenças entre sexos e raças na composição de ácidos gordos da carne de bovino estão, em grande medida, associadas ao teor de gordura intramuscular, devido a uma maior proporção de fosfolípidos de membrana (ricos em AGPI) e a uma menor proporção de triacilgliceróis (ricos em AGS e AGMI) nos animais mais magros. Os fosfolípidos (PL) caracterizam-se por um elevado teor de PUFAs e dependem do tipo de fibra metabólica do músculo. O teor de PL é relativamente constante e menos influenciado pela espécie, raça, nutrição e idade. Ao contrário dos fosfolípidos, o teor de triacilgliceróis varia muito, entre 0,2 e 5 g /100g de tecido fresco (Sinclair & O'Dea, 1990) e depende principalmente do nível de gordura, da raça e da localização do músculo. O sexo afectou a composição em ácidos gordos dos lípidos neutros subcutâneos e dos lípidos neutros e fosfolípidos intramusculares do músculo *Longissimus lumborum*. Os novilhos apresentaram valores mais elevados de LA na gordura subcutânea e as novilhas valores mais elevados de ALA nos lípidos neutros das gorduras subcutânea e intramuscular (Zembayashy *et al.,*

1995).

Foi estudada a influência da época de abate e do sexo na composição em ácidos gordos dos lípidos totais intramusculares, lípidos neutros e fosfolípidos em vários músculos de vitelos Barrosa-PDO. No músculo LD, apenas o LA foi afetado na fração PL pelo sexo e estação do ano. As proporções de LA e ALA nos lípidos neutros do M. *Longissimus dorsi* dos vitelos Barrosa-PDO não foram afectadas pela estação do ano ou pelo sexo. Foram detectadas diferenças pequenas mas significativas nas proporções de LA na fração PL. Os machos apresentaram maior teor de LA do que as fêmeas (Costa et *al*., 2006). Foram observadas diferenças nos ácidos gordos musculares entre touros e novilhas criados em condições semelhantes. Os touros apresentaram níveis mais elevados de LA e ALA em comparação com as novilhas (Barton *et al*.. 2011). Foram observadas diferenças semelhantes entre machos e fêmeas intactos de gado Quichuan nativo da China, tendo sido sugerido um possível efeito das hormonas sexuais nos sistemas enzimáticos que afectam o metabolismo lipídico (Zhang *et al.,* 2010). A castração afectou a composição em ácidos gordos dos vitelos da raça Mertolenga. Os machos inteiros apresentaram valores significativamente mais elevados de LA e ALA, indicando que a castração tem um efeito sobre a composição de ácidos gordos da gordura intramuscular do *Longissimus lumborum* (Monteiro et al., 2005).

Vários estudos demonstraram diferenças dependentes do sexo na composição de FA do músculo e do tecido adiposo subcutâneo de bovinos abatidos em diferentes idades. A expressão do gene da estearoil-CoA dessaturase foi maior no tecido adiposo de novilhas em comparação com touros, e a sua variação contribuiu em parte para as diferenças de sexo e idade na composição de FA do tecido adiposo bovino (Barton *et al.,* 2011). Estudos em humanos sugeriram que o género também está associado a diferenças na capacidade de conversão de ALA em EPA, DPA e DHA. A conversão de ALA em EPA, DPA e DHA e de LA em AA depende das actividades sequenciais de Δ6 e Δ5 desaturases e do alongamento da cadeia de carbono (Sprecher,, 2000). Dois sistemas de produção, semi-intensivo vs. intensivo, e duas idades de abate, 12 vs. 14 meses, afectaram as proporções de LA e ALA na composição dos ácidos gordos da carne. A idade de abate afectou as proporções de LA e ALA. O LA e o ALA estão fortemente correlacionados de forma positiva com a gordura intramuscular do músculo *Longissimus* a nível quantitativo (mg/100g de tecido fresco), mas existem coeficientes de correlação negativos para a proporção relativa destes ácidos gordos na gordura intramuscular. As relações entre a gordura intramuscular e o perfil de ácidos gordos das fracções de triglicéridos e fosfolípidos são mais fracas em comparação com a gordura muscular total (Humada et *al.,* 2013).

A época de abate afectou a composição em ácidos gordos dos vitelos de raça pura Mirandesa criados num sistema de produção semi-extensivo, e abatidos na primavera ou no outono. O LA foi maior nos músculos *Semitendinosus* e *Semimembranosus* no outono e o ALA na primavera (Pestana et *al.*, 2012).

Os níveis de proporções de LA e ALA foram mais elevados no músculo magro da carne de bovino; cerca de 2-4 vezes os níveis nos tecidos adiposos, mas não houve diferenças nos níveis de LA e ALA entre subcutâneo, gordura da costura e marmoreio. No entanto, não houve diferença no rácio n-6/n-3 entre a localização da gordura (Jiang *et al.,* 2010). Houve diferenças significativas nas concentrações de LA da gordura externa e nas amostras de oito locais diferentes da carcaça, com o peito contendo quantidades significativamente menores do que os outros locais de amostragem ($p<0,001$), com exceção da rodada (Turk & Smith. 2009).

Em vários estudos foram observadas variações genéticas na composição de ácidos gordos dos triacilgliceróis do tecido adiposo, com diferenças entre raças. No entanto, na fração fosfolipídica, a quantidade total de PUFAs não difere entre os grupos de cruzamentos, porque certas quantidades de ácidos gordos insaturados são necessárias para manter as propriedades físicas da célula à temperatura corporal dos mamíferos (Malau-Aduli *et al.,* 1998). Sexten *et al.,* 2012 mostraram que existe uma interação raça x tempo de desmame para a percentagem de PUFA total, com os novilhos Charolaise a terem uma maior percentagem de PUFAs do que os outros grupos de tratamento.

Capítulo 4. Efeitos da dieta nos lípidos da carne de bovino

Os lípidos da dieta dos bovinos podem ser fornecidos principalmente sob a forma de gramíneas, forragens, óleos de sementes, cereais ricos em óleo, óleos de peixe, etc. Na maioria das espécies, o teor de gordura é o componente da carne que apresenta maior variabilidade, dependendo do equilíbrio entre o teor energético da dieta e as necessidades metabólicas, associado às caraterísticas genéticas do animal

4.1. Carne de bovino alimentada com erva

A carne de bovinos terminados em pastagem tem maiores quantidades de n-3 PUFA em comparação com dietas baseadas em concentrado (French *et al.,* 2000; 2003; Garcia *et al.,* 2008). Lorenz *et al.,* (2002) observaram resultados semelhantes em touros terminados a pasto em comparação com os alimentados com concentrado. Os tipos de forragem, variedade de culturas, corte, estação, ano, etc., afectam a composição de ácidos gordos das culturas forrageiras para a produção de carne de bovino em pastagem (Preston, 2005; Garcia *et al.,* 2015). As dietas baseadas em forragem aumentam o ALA no músculo LD em comparação com a alimentação de concentrados, concordando com estudos anteriores com gado de corte comparando silagem de alfafa (Mandell *et al.,*1998) ou pastagem (French *et al.,* 2000; 2003). O método mais comum para aumentar o teor de CLA e TVA da carne e dos produtos lácteos de ruminantes consiste em fornecer ao animal ácidos gordos insaturados adicionais, normalmente provenientes de óleos vegetais como o óleo de soja (SBO), para utilização como substratos para a biohidrogenação ruminal (Mir *et al.,* 2003). Os novilhos alimentados com uma dieta à base de milho suplementada com SBO podem aumentar o TVA sem afetar o CLA, ao mesmo tempo que reduzem o teor de MUFA da carne magra (Ludden *et al.,* 2009)

As plantas forrageiras encontradas nas pastagens são ricas em PUFAs, especificamente os ácidos gordos C18:2 n-6 e C18:3 n-3. A forragem fresca contém uma elevada proporção (50-75%) do seu teor total de ácidos gordos sob a forma de 18:3 n-3. As fontes de variação da concentração de lípidos da forragem são as espécies vegetais, a fase de crescimento, a temperatura e a intensidade da luz. Os níveis de ácidos gordos

18:3 n-3 variam com os factores da planta, como o estádio de maturação e o tratamento com luz. Os perfis de ácidos gordos são distintos em determinadas espécies, o que mostra que a composição de ácidos gordos das forragens está sob um controlo genético considerável (Dewhurst *et al.,* 2001). Isto oferece um potencial para selecionar forragens com concentrações mais elevadas ou composição alterada de ácidos gordos. Quando colhidas no mesmo estádio de desenvolvimento. Boufaied *et al.* (2003) encontraram diferenças significativas, tanto em espécies da mesma família (gramíneas ou leguminosas) como entre as duas famílias. As leguminosas tinham concentrações mais elevadas de 14:0, 16:0, 18:0, 18:1 e 18:2 n-6 e ácidos gordos totais, para além de concentrações mais baixas de 18:3 n-3, mas também foram observadas grandes variações entre as espécies encontradas em cada família. Dewhurst *et al.* (2001) encontraram diferenças distintas entre espécies nos perfis de AG de gramíneas forrageiras cortadas na mesma data e um efeito de interação significativo entre a espécie e a data de corte. Existem poucos dados disponíveis sobre o efeito da natureza dos lípidos das pastagens na composição de ácidos gordos da carne de bovino, mas vários estudos mostraram concentrações de dietas à base de forragem para determinar como a gordura na carne de bovino alimentada com erva é alterada. A dieta 18:3 n-3 é a melhor fonte de PUFA n-3 de cadeia longa na carne e no leite, enquanto o CLA deriva de 18:2 n-6 e 18:3 n-3. Foram encontradas quantidades mais elevadas de PUFA n-3, CLA e um rácio n-6/n-3 mais baixo na carne de bovino em dietas à base de forragens em comparação com dietas concentradas (French *et al.,* 2000; Garcia *et al.,* 2008). O leite e as carnes de ruminantes são a única fonte significativa de CLA na dieta humana e este facto parece estar relacionado com o consumo de pastagens frescas pelos ruminantes. Por um lado, Elgersma *et al.* (2003), utilizando diferentes cultivares *de azevém* perene como fonte de pastagem para o gado leiteiro, aumentaram o teor de CLA no leite, mas, por outro lado, o gado que pastou a cultivar que continha as maiores concentrações de PUFA foi comparado com o gado que consumiu a cultivar que atingiu os níveis mais baixos de PUFA. As dietas à base de forragem aumentam o teor de 18:3 n-3 no músculo *Longissimus dorsi* em comparação com a alimentação com concentrados, o que é consistente com estudos anteriores com bovinos de carne que compararam a silagem de alfafa (Mandell *et al.*,1998) ou a pastagem (French *et al.*, 2000). O aumento das concentrações de EPA, DPA e DHA no músculo de animais alimentados com erva sugere que a elevada disponibilidade de ALA na dieta resultou numa síntese melhorada destes PUFA n-3 de cadeia longa (Nuernberg *et al.*, 2005). A proporção de ácidos gordos dos lípidos polares da gordura do *Longissimus dorsi* mostrou proporções semelhantes de ALA e EPA, mas menos DPA e DHA, em comparação com novilhas de carne de bovino que receberam apenas pasto (Noci *et al.*, 2007).

O regime de alimentação, como forragem ou concentrado, afectou o total de n-3 PUFA no músculo *Longissimus dorsi* dos cordeiros. O regime de pastagem apresentou mais ALA e EPA, mas sem alterações significativas no DHA (Vasta *et al.*, 2009). O pastoreio de *T. subterraneum* em monocultura e associado a *L. multiflorum* aumentou o ácido linolénico da carne de borrego (Chiofalo *et al.*, 2010). Os tipos de forragem, variedade de culturas, época de corte, ano, etc., afectam a composição em ácidos gordos das culturas forrageiras para a produção de carne de bovino em pastagem (Garcia *et al.*, 2015).

A carne, o peixe, os óleos de peixe e os ovos são as únicas fontes significativas de AGPI n-3 de cadeia longa para o homem. Embora a carne tenha concentrações mais baixas destes AG em comparação com o peixe gordo, é uma fonte muito significativa para muitas pessoas com uma dieta pobre em peixe. A baixa concentração de AGPI e as elevadas concentrações de AG saturados nos tecidos dos ruminantes resultam da biohidrogenação dos AGPI da dieta no rúmen. A utilização potencial de produtos animais como veículos para fornecer ácidos gordos n-3 tem sido objeto de intensa investigação (Moghadasian, 2008). Diaz *et al.* (2005) descrevem um teor mais elevado de 18:2 n-6 e 18:3 n-3 no leite e na carne de ruminantes que pastam leguminosas de trevo vermelho ou branco, quando comparados com o leite e a carne de animais alimentados com gramíneas e outras leguminosas. Acredita-se que em dietas ricas em trevo vermelho a fermentação e a biohidrogenação no rúmen são diferentes das obtidas com *azevém* perene (Lourenço *et al.*, 2008) devido à inibição da proteólise e da lipólise pela enzima vegetal polifenol oxidase, que se encontra no trevo. A polifenol oxidase transforma os fenóis em quinonas, que se ligam às proteínas e reduzem a proteólise e a lipólise no rúmen (Lee *et al.*, 2007; VanRanst *et al.*, 2010).

4. 2. Carne de bovino alimentada com erva versus carne de bovino alimentada com concentrado

O ácido lático é o principal PUFA em carne de vaca alimentada com erva/forragem e carne de vaca terminada em grão, fornecendo 60-85% do total de PUFAs (Duckett *et al.*, 2013). Normalmente, a percentagem de AGPI na carne de bovino aumenta até 25% em resposta à alimentação a pasto devido à menor gordura intramuscular total da maioria da carne de bovino alimentada a pasto. No entanto, a quantidade total estimada de PUFAs em bifes de gado alimentado com pasto/forragem nos EUA pode ser até 75mg menor por 100g de carne, principalmente como LA (Daley *et al.*, 2010). Apenas 16 a 26 mg de ALA foram registados em vários cortes magros de bovinos alimentados com erva/forragem, contra 4-13 mg de ALA da carne de bovino acabada em grão nos EUA, enquanto que apenas vestígios de n-3 LC- PUFAs são observados na carne de bovinos alimentados com erva/forragem nos EUA (Duckett *et al.*, 2013).

O rácio n-6/n-3 FA na carne de bovino alimentada com erva é beneficamente baixo, tipicamente inferior a 3 (Howe *et al.*, 2006). A diminuição do rácio n-3/n-6 na carne de vaca alimentada a pasto é uma consequência do aumento da proporção de ALA e de uma proporção relativamente constante de LA nos tecidos adiposos dos novilhos alimentados a pasto, em comparação com os que receberam dietas de confinamento. Os novilhos alimentados com uma dieta de cereais apresentam um rácio n-6/n-3 PUFAs 2,5 vezes mais elevado do que os alimentados com pasto (Basarab *et al.*, 2007; Duckett *et al.*, 2009). No entanto, o aumento do rácio n-6/n-3 FA pode ser superior quando examinado nos músculos da carne de bovino (Garcia *et al.*, 2008). Foram encontrados resultados semelhantes noutros estudos com novilhas cruzadas a quem foi oferecida uma dieta de controlo de silagem de erva e concentrado (Sarries *et al.*, 2009). Alfaia *et al.* (2009) utilizaram touros da raça Alentejana para investigar o efeito de quatro sistemas de alimentação (alimentação em pastagem seguida de 2 ou 4 meses de acabamento em concentrado e apenas concentrado) na composição em ácidos gordos do músculo *Longissimus dorsi* e não encontraram diferenças significativas nas proporções de AL entre todos os tratamentos. Por outro lado, verificaram que a carne dos touros alimentados com a dieta de pastagem tinha as percentagens mais elevadas de ALA. Varela *et al.* (2004) verificaram que tanto um sistema de acabamento a pasto como um sistema de acabamento em recinto fechado (milho, silagem e concentrado) afectaram o perfil de ácidos gordos intramusculares de novilhos Rubia Gallega. Eles também descobriram que os ácidos gordos intramusculares de novilhos acabados continham concentrações mais elevadas de LA, mas não havia diferenças nas de ALA. Além disso, Alfaia *et al.* (2006) encontraram diferenças no LA entre a carne de novilhos criados num sistema semi-intensivo e a carne de novilhos produzidos num sistema convencional intensivo baseado em concentrados. Por outro lado, Faucitano *et al.* (2008) verificaram que os bovinos alimentados com dietas ricas em concentrado apresentavam uma diminuição significativa da proporção de ALA nos lípidos do músculo *Longissimus dorsi*. Lee *et al.* (2009) estudaram os efeitos de dietas com silagem de erva ou de trevo vermelho sobre as proporções de LA e ALA no músculo *Longissimus dorsi* em vacas leiteiras de reforma e concluíram que a silagem de trevo vermelho aumentou as percentagens de LA e ALA. Herdman *et al.* (2010) estudaram os efeitos de duas dietas, uma rica em LA e outra rica em ALA, e verificaram que ambas afectavam a composição de ácidos gordos das classes lipídicas no IMF de touros alemães da raça Simmental. Os touros alimentados com a dieta rica em ALA tinham concentrações mais elevadas de ALA nos fosfolípidos e nos triglicéridos. Leheska et al. (2008), num estudo realizado nos EUA para inclusão na USDA National Database for Standard Reference, compararam a composição em ácidos gordos da carne de vaca alimentada com erva e da carne de vaca alimentada convencionalmente (controlo). Concluíram que os dois sistemas de produção, semi-intensivo vs. intensivo, afectaram as concentrações de LA e ALA.

A alimentação de ruminantes com dietas à base de concentrados aumenta o teor de ácido oleico dos seus tecidos, ao passo que o teor de ácido linoleico conjugado cis-9, trans-11 (CLA) aumenta com a alimentação com dietas forrageiras (Enser *et al.* (1999). Estas duas transformações metabólicas podem ser atribuídas ao aumento da atividade da estearoil-CoA dessaturase

A carne de bovinos terminados em pasto tem maiores quantidades de n-3 PUFAs em comparação com dietas baseadas em concentrado (French *et al.*, 2000; 2003; Garcia *et al.*, 2008). Lorenz *et al.* (2002) observaram resultados semelhantes em touros terminados a pasto em comparação com os alimentados com concentrado. Os tipos de forragem, variedade de culturas, corte, estação, ano, etc., afectam a composição de ácidos gordos das culturas forrageiras para a produção de carne de bovino em pastagem (Preston, 2005; Garcia *et al.*, 2015). As dietas baseadas em forragem aumentam o ALA no músculo LD em comparação com a alimentação de concentrados, concordando com estudos anteriores com gado de corte comparando silagem de alfafa (Mandell *et al.*,1998) ou pastagem (French *et al.*, 2000; 2003). A formação e a ação dos eicosanóides parecem estar diretamente relacionadas com os potenciais benefícios atribuídos a um equilíbrio alimentar adequado de AGPI n-3 e n-6. A análise da ingestão de AGPI n-3, as recomendações de ingestão e as alegações de saúde limitam-se frequentemente ao ALA, EPA e DHA e omitem o ácido docosapentaenóico (DPA). O DPA é um intermediário na produção de DHA a partir do EPA e a sua contribuição para os lípidos da carne de bovino é superior à do EPA e do DHA. Garcia *et al.* (2017) encontraram em novilhos alimentados com pasto um aumento significativo na maioria dos PUFAs n-3 individuais do músculo e uma diminuição nos PUFAs n-6. Resultados semelhantes foram encontrados por Scollan *et al.* (2006). O LA é o principal PUFAs tanto na carne bovina alimentada com capim/forragem quanto na carne bovina terminada em grãos, fornecendo 60-85% do total de PUFAs (Duckett *et al.*, 2013). Normalmente, a percentagem de AGPI na carne de bovino aumenta até 25% em resposta à alimentação a pasto devido à menor gordura intramuscular total da maioria da carne de bovino alimentada a pasto. No entanto, a quantidade total estimada de PUFAs em bifes de gado alimentado com pasto/forragem nos EUA pode ser até 75mg menor por 100g de carne, principalmente como LA (Daley *et al.*, 2010). Apenas 16 a 26 mg de ALA foram registados em vários cortes magros de bovinos alimentados com erva/forragem, contra 4-13 mg de ALA da carne de bovino acabada em grão nos EUA, enquanto que apenas vestígios de n-3 LC-PUFAs são observados na carne de bovinos alimentados com erva/forragem nos EUA (Duckett *et al.*, 2013).

O rácio n-6/n-3 FA na carne de bovino alimentada com erva é beneficamente baixo, tipicamente inferior a 3 (Howe *et al.*, 2006). A diminuição do rácio n-3/n-6 na carne de vaca alimentada a pasto é uma consequência do aumento da proporção de ALA e de uma proporção relativamente constante de LA nos tecidos adiposos dos novilhos alimentados a pasto, em comparação com os que receberam dietas de confinamento. Os novilhos alimentados com uma dieta de cereais apresentam um rácio n-6/n-3 PUFAs 2,5 vezes mais elevado do que os alimentados com pasto (Basarab *et al.*, 2007; Duckett *et al.*, 2009). No entanto, o aumento do rácio n-6/n-3 FA pode ser superior quando examinado nos músculos da carne de bovino (Garcia *et al.*, 2008). Resultados semelhantes foram encontrados noutros estudos com novilhas cruzadas a quem foi oferecida uma dieta de controlo de silagem de erva e concentrado (Sarries *et al.*, 2009). Alfaia *et al.* (2009) utilizaram touros da raça Alentejana para investigar o efeito de quatro sistemas de alimentação (alimentação em pastagem seguida de 2 ou 4 meses de acabamento em concentrado e apenas concentrado) na composição em ácidos gordos do músculo *Longissimus dorsi* e não encontraram diferenças significativas nas proporções de AL entre todos os tratamentos. Por outro lado, verificaram que a carne dos touros alimentados com a dieta de pastagem tinha as percentagens mais elevadas de ALA. Varela *et al.* (2004) verificaram que tanto um sistema de acabamento em pastagem como um sistema de acabamento em interior (milho, silagem e concentrado) afectavam o perfil de ácidos gordos intramusculares de novilhos Rubbia Gallega. Verificaram também que os ácidos gordos intramusculares dos novilhos acabados continham concentrações mais elevadas de LA, mas sem diferenças nas de ALA. Além disso, Alfaia *et al.* (2006) encontraram diferenças no LA entre a carne de novilhos criados num sistema semi-intensivo e a carne de novilhos produzidos num sistema convencional intensivo baseado em concentrados. Por outro lado, Faucitano *et al.* (2008) verificaram que os bovinos alimentados com dietas ricas em concentrado apresentavam uma diminuição significativa da proporção de ALA nos lípidos do músculo *Longissimus dorsi*. Lee *et al.* (2009) estudaram os efeitos de dietas com silagem de erva ou de trevo vermelho sobre as proporções de LA e ALA no músculo *Longissimus dorsi* em vacas leiteiras de reforma e verificaram que a silagem de trevo vermelho aumentou as percentagens de LA e ALA. Herdman *et al.* (2010) estudaram os efeitos de duas dietas, uma rica em LA e outra rica em ALA, e verificaram que ambas afectavam a composição de ácidos gordos das classes lipídicas no IMF de touros alemães da raça Simmental. Os touros alimentados com a dieta rica em ALA tinham concentrações mais elevadas de ALA nos fosfolípidos e nos triglicéridos. Leheska *et al.* (2008), num estudo realizado nos EUA para inclusão na USDA National Database for Standard Reference, compararam a composição em ácidos gordos da carne de vaca alimentada com erva e da carne de vaca alimentada convencionalmente (controlo). Concluíram que os dois sistemas de produção, semi-intensivo vs. intensivo, afectaram as concentrações de LA e ALA.

4. 3. Os óleos como fonte de ALA

A composição em ácidos gordos da gordura muscular e do tecido adiposo de novilhas em pastoreio suplementadas com concentrados enriquecidos com óleos vegetais foi afetada. O óleo de girassol aumentou o LA e o óleo de linhaça aumentou o ALA nos lípidos totais, lípidos neutros e fosfolípidos do músculo *Longissimus lumborom* (Noci *et al.*, 2007). A conversão do ALA dos óleos vegetais em ácidos gordos de cadeia longa EPA (C20:5 n-3), DPA (C22:5 n-3) e DHA (C22:6 n-3), como resultado de muitos estudos com ruminantes e não ruminantes, não é importante, resultando apenas num pequeno aumento da deposição de EPA e DPA. A capacidade do ALA dietético para manter níveis adequados de DHA nos lípidos da carne parece ser muito baixa. A importância nutricional do aumento da concentração de ALA não é clara, uma vez que o ALA não é tão bioativo como os PUFA n-3 de cadeia mais longa como o EPA, DPA e DHA. Os touros que pastam em pastagens e são alimentados com uma dieta que contém sementes de linhaça acumularam duas ou três vezes mais concentrações de n-3 PUFAs totais nos seus músculos em comparação com os alimentados com concentrado. O aumento das concentrações de EPA, DPA e DHA no músculo de animais alimentados com erva sugere que a elevada disponibilidade de ALA na dieta resultou numa síntese melhorada destes PUFA n-3 de cadeia longa (Nuernberg *et al.*, 2005). A suplementação de vitelos de raça Frísia com uma dieta de engorda rica em forragem com óleo de soja ou soja gorda extrudida, a um nível de 33 g de óleo adicionado por kg de dieta, aumenta o nível de ALA nos lípidos intramusculares (Aharaoni *et al.,* 2005). Os concentrados enriquecidos com óleo de linhaça resultam numa relação n-6/n-3 PUFA favorável. A proporção de ácidos gordos dos lípidos polares da gordura do *Longissimus dorsi* apresentou proporções semelhantes de ALA e EPA, mas menos DPA e DHA, em comparação com novilhas de carne alimentadas apenas com pasto (Noci *et al.* 2007).

4.4. Algas e plantas marinhas como fonte de AGPI de cadeia longa

Sabe-se que as unidades populacionais de peixes a nível mundial estão em perigo, pelo que a produção de peixe pode diminuir no futuro. Além disso, alguns peixes, especialmente os marinhos, como o salmão, a sardinha, o atum, a anchova, a cavala ou a pescada, estão por vezes contaminados com metais pesados, como o cobre ou o mercúrio, e poluentes orgânicos, como os PCB ou as dioxinas, que têm um efeito tóxico para a saúde humana (Domingo *et al.,* 2007). Worm & Barbier (2006) previram que os recursos alimentares marinhos enfrentariam um colapso total em meados deste século. Por essa razão, foram propostas várias fontes alternativas de PUFA ómega 3, como as microalgas marinhas, as algas ou as plantas transgénicas. As microalgas marinhas, fornecem a base alimentar que sustenta toda a população animal em mar aberto. Cardoso *et al*., (2007) fizeram uma revisão da investigação mais recente sobre a produção de microalgas de compostos de elevado valor com relevância na ciência alimentar, farmacologia ou saúde humana, como os AGPI. As microalgas marinhas são um dos principais produtores de AGPI de cadeia longa, e são capazes de converter LNA e ALA em ARA, EPA e DHA, através de uma série de dessaturações e alongamentos aeróbicos. Tanto o LNA como o ALA encontram-se em muitas plantas cultivadas, como a canola, a linhaça e a soja, e constituem um bom ponto de partida para a conversão transgénica em AGPI de cadeia longa. A produção transgénica aeróbia de AGPI de cadeia longa começa com uma Δ6-dessaturação ou uma Δ9-alongação como as primeiras etapas de duas vias separadas que conduzem a AGPI de cadeia longa. Estas enzimas podem muitas vezes atuar igualmente bem sobre o ALA e o LNA, resultando em vias paralelas, que produzem PUFA ómega 3 e PUFA ómega 6 menos desejáveis, incluindo o ARA. O ARA só pode ser convertido em EPA e, por conseguinte, em DHA, através de uma dessaturação A17 (Wu *et al.*, 2005). Petrie *et al.* (2010) identificaram e caracterizaram uma provável acil-CoA Δ 6-desaturase com forte preferência por ómega-3 da microalga marinha *M. Pusilla*. Utilizaram esta enzima numa via altamente produtiva em *N. benthamiana* que culminou com a acumulação de 26% de EPA em TAG e confirmaram uma forte preferência por ómega 3 em *Arabidopsis* transgénica. As plantas têm a capacidade de servir como uma fonte sustentável de óleos de peixe ómega 3. Para investigar o impacto de diferentes genes na acumulação de PUFA n-3 de cadeia longa, as plantas foram transformadas com uma série de plasmídeos binários recombinantes, expressando uma gama de diferentes genes de uma variedade de organismos sob o controlo de promotores específicos da semente. Durante os últimos 10 anos, os genes que codificam as enzimas primárias envolvidas na biossíntese destes ácidos gordos foram isolados com sucesso de uma série de organismos que sintetizam VLC-PUFA, sendo alguns deles expressos heterologamente, individualmente ou em combinação, em culturas de sementes oleaginosas (Sayanova *et al.*, 2004; Napier, 2007). Mostraram a viabilidade prática da produção em grande escala destes importantes PUFA n-3. Embora a biossíntese de ARA, EPA e, em certa medida, de DHA tenha sido demonstrada utilizando diferentes abordagens em plantas transgénicas, a composição e os níveis de ácidos gordos resultantes não são equivalentes aos encontrados no óleo de peixe. Na maioria dos exemplos actuais, essas plantas transgénicas também contêm níveis elevados de intermediários metabólicos n-6 e n-3 (Venegas-Calderon, Sayanova & Napier,. 2010). Os óleos de peixe estão praticamente isentos de ácidos gordos ómega 6, como o GLA e o DHGLA. Foram comunicados alguns resultados iniciais sobre o enriquecimento de plantas com PUFA n-3 através de transgénese em Arabidopsis (Robert *et al.*, 2005) e soja (Sato *et al.*, 2004).

Capítulo 5. Efeitos genéticos nos lípidos da carne de bovino

É sabido que a composição em ácidos gordos da carne de bovino e, consequentemente, o seu valor nutricional, pode ser manipulada através de abordagens genéticas e nutricionais, embora se reconheça que os factores genéticos proporcionam diferenças menores do que os factores alimentares.

Garcia *et al.* (2008) encontraram algumas provas de variação genética nas proporções de LA e ALA nos lípidos da carne de bovino. Nuernberg *et al.* (2005) verificaram que as percentagens de ALA em touros alemães Simmental e Holstein alemães alimentados com erva ou concentrado aumentaram, enquanto a percentagem de LA só foi afetada pela raça, sendo mais elevada na gordura intramuscular do Simmental alemão. Em contraste, Muchenje *et al.* (2009) não encontraram diferenças devido à raça nas proporções de LA e ALA entre os novilhos Nguni, Bonsmara e Angus. Corazzin *et al.* (2012) verificaram que os touros italianos Simmental e Holstein apresentavam diferenças alimentares no músculo *Longissimus thoracis* para o LA nas fracções de fosfolípidos e lípidos neutros. Sexten *et al.,* 2012 mostraram que existe uma interação raça x tempo de desmame para porcentagem de PUFAs totais, sendo que os novilhos Charolês apresentaram maiores porcentagens de PUFAs que os demais grupos de tratamento. Humada *et al.* (2012) estudaram os efeitos de dois sistemas de produção (semi-intensivo vs. intensivo), e duas idades de abate (12 vs.14 meses) sobre as proporções de LA e ALA na composição dos ácidos gordos da carne de bovino. Choi *et al.*, 2000 descobriram que a raça afecta a composição de ácidos gordos dos lípidos musculares. Malau-Aduli *et al.* (1998) encontraram diferenças entre os bovinos Jersey e Limousin na composição de ácidos gordos dos fosfolípidos musculares. Dance *et al.* (2009), comparando 6 raças diferentes, encontraram apenas diferenças significativas entre raças para o CLA e os PUFA n-3 e nenhuma diferença para os SFA e MUFA.

Em vários estudos foram observadas variações genéticas na composição de ácidos gordos dos triacilgliceróis do tecido adiposo, com diferenças entre raças. No entanto, na fração fosfolipídica, a quantidade total de PUFAs não difere entre grupos de raças cruzadas, porque certas quantidades de ácidos gordos insaturados são necessárias para manter as propriedades físicas da célula à temperatura corporal dos mamíferos (Malau-Aduli *et al.,* 1998).

O genótipo afectou as proporções de ALA, n-3 LC-PUFAs e n-6/n-3 PUFA e LA/ALA. Os lípidos da carne de vaca de Holando Argentino (HA) mostraram (^<*0*,001) proporções de ALA mais baixas do que as de Aberdeen Angus (AA) e Charolaise x Aberdeen Angus (CHAxAA) sem diferenças significativas nas proporções de LA. O total de n-6 LC-PUFAs foi semelhante em todos os genótipos, enquanto o total de n-3 LC-PUFAs foi inferior no HA do que no AA e no CHAxAA, que foram semelhantes. Os rácios LA/ALA e n-6/n-3 foram mais elevados em HA do que nos outros dois genótipos (Garcia *et al.* (2017).

É sabido que a composição em ácidos gordos da carne de bovino e, consequentemente, o seu valor nutricional, pode ser manipulada através de abordagens genéticas e nutricionais, embora se reconheça que os factores genéticos proporcionam diferenças menores do que os factores alimentares. Infelizmente, a maior parte da literatura sobre a composição dos ácidos gordos dos bovinos provém de raças com diferentes regimes alimentares, idades, sexos, locais anatómicos, etc. Isto torna difícil extrapolar os resultados e comparar raças devido aos efeitos de confusão do plano de nutrição, idade, gordura, peso vivo, caraterísticas de desenvolvimento e outros factores que afectam o metabolismo lipídico.

Capítulo 6. Efeitos da dieta e do genótipo nos PUFAs n-3

Embora a contribuição do ALA para as doenças cardiovasculares seja discutível (Carder *et al.*, 2010), as provas relativas ao papel dos AGPI-LC n-3 na prevenção de doenças cardíacas são convincentes (FAO, 2010). Devido à importância dos AGPI n-3 LC na saúde cardiovascular, as recomendações de ingestão sugerem um mínimo de 250 mg de EPA+DHA /dia (EPSA, 2010). Foi demonstrado que tanto a carne de vaca alimentada com erva/forragem como a carne de vaca terminada em grão podem contribuir com AGPI-LC n-3 para a dieta dos EUA, com uma média de 5,33 e 2-19 mg/100, respetivamente, principalmente como EPA+DPA (Van Elswyk & McNeillet, 2014).

Os efeitos da dieta sobre os LC-PUFAs n-3 nos lípidos do músculo *Longissimus dorsi* dos novilhos são apresentados no Quadro 4.

Quadro 4. Efeito da fonte alimentar de ALA nos PUFA n-3 de cadeia longa do músculo Longissimus da carne de bovino (% do total de ácidos gordos)

	ALA	EPA	DPA	DHA	Referência
Apenas silagem de erva (GS)	1.88	1.00	1.52	0.24	Faucitano et al. (2008)
Cultivo: GS+4% Soja Acabamento: GS+ 4% cevada	0.83	0.39	0.85	0.13	Faucitano et al. (2008)
Cultivo: GS+8% soja Acabamento: GS+ 8% cevada	0.72	0.31	0.63	0.09	Faucitano et al. (2008)
Concentrado de touros alemães da raça Holstein	0.34	0.14	0.36	0.09	Nuernberg et al. (2005)
Touros Holstein alemães de pasto	1.67	0.58	0.80	0.15	Nuernberg et al. (2005)
Concentrado de touros alemães	0.46	0.08	0.29	0.05	Nuernberg et al.

Simental					(2005)
Touros Simental alemães a pasto	2.22	0.94	1.32	0.16	Nuernberg et al. (2005)
Apenas pastagens	1.30	0.52	0.71	0.43	Garcia et al. (2008)
Pastagem + 0,7% de milho em grão	0.89	0.31	0.51	0.18	Garcia et al. (2008)
Pastagem+1,0% milho em grão	0.74	0.26	0.49	0.14	Garcia et al. (2008)
Concentrado	0.28	0.12	0.30	0.16	Garcia et al. (2008)
Erva + 4 kg de concentrado	0.71	0.20	ND		Woods et al. 2011
8 kg de concentrado+1 kg de feno	0.72	0.12	ND		Woods et al. 2011
6 kg de erva+5 kg de concentrado	0.87	0.27	ND		Woods et al. 2011
12 kg de erva+2,5 kg de concentrado	1.01	0.24	ND		Woods et al. 2011
22 kg de erva	1.13	0.23	ND		Woods et al. 2011
Confinamento	0.48	0.47	0.91	0.11	Alfaia et al. 2009
Pasture+ 4 meses Concentrado C	0.84	0.77	1.04	0.12	Alfaia et al. 2009
Pasture+ 2 meses Concentrado	1.96	1.28	1.48	0.14	Alfaia et al. 2009
Apenas pastagens	5.53	2.13	2.56	0.20	Alfaia et al. 2009

Os efeitos da dieta nos PUFAs n-6 e n-3 são apresentados no Quadro 5 e as percentagens de LA, ALA, PUFAs n-3 e n-6, IMF, rácios LA/ALA e PUFAs n-6/n-3 são apresentados nos Quadros 6. A dieta afectou significativamente todas estas variáveis. As proporções de LA aumentaram (*p<0*,001) de acordo com o aumento do grão na dieta, enquanto as proporções de ALA diminuíram (*p<0*,001). O total de n-3 LC-PUFAs diminuiu significativamente, enquanto o total de n-6 LC-PUFAs aumentou com o aumento do grão na dieta. Os rácios LA/ALA e n-6/n-3 PUFA foram (*p<0*,001) mais baixos na carne de vaca alimentada com pasto e suplemento do que na carne de vaca alimentada com cereais. O rácio LA/ALA aumentou linearmente à medida que o grão na dieta aumentou. O rácio n-6/n-3 PUFAs seguiu um padrão semelhante. A percentagem de FMI foi significativamente afetada pela dieta, sendo mais baixa na carne alimentada a pasto do que nas outras (Garcia *et al.,* 2017).

Os efeitos do genótipo no LA, ALA, n-3 e n-6 PUFAs, percentagens de IMF e rácios LA/ALA e n-6/n-3 PUFA são também apresentados nos quadros 5 e 6.

Tabela 5. Efeitos do genótipo e da dieta nos PUFAs n-6 e n-3 (percentagem dos ácidos gordos totais) nos lípidos do músculo *Longissimus dorsi* do novilho. AA Aberdeen Angus; CHA Charolaise x AA; HA Holando Argentino; Cn0.7%: Pasto+0,7% concéntrado; Cn1%. Pasto +1% concentrado; Cn85%: Concentrado + 85% de concentrado. Garcia et al.,2017

	18:2 n-6	20.3 n-6	20:4 n-6	18:3 n-3	20:5 n-3	22:5 n-3	22:6 n-3
AA	4.10	0.44	1.10b	0.91a	0.31	0.52	0.33
CHA	4.30	0.42	1.16b	0.93a	0.31	0.50	0.29
HA	4.29	0.44	1.41a	0.81b	0.35	0.52	0.13
Pastagem	3.55b	0.44	1.12	1.38a	0.57a	0.76a	0.38
Cn0,7%	3.76b	0.41	1.18	0.99b	0.34b	0.53b	0.23
Cn1.0%	3.94b	0.42	1.23	0.77c	0.35b	0.47b	0.20
Cn85%	5.65a	0.46	1.35	0.39d	0.14b	0.30c	0.17
RMSE	0.97	0.16	0.48	0.20	0.13	0.20	0.13
Genótipo	0.53	0.851	0.005	0.008	0.241	0.725	0.000
Dieta	0.000	0.588	0.236	0.000	0.000	0.000	0.000
GxD	0.611	0.071	0.708	0.267	0.076	0.237	0.000

*Significância dos efeitos principais (genótipo, dieta) e da sua interação (G x D)

Os meios abcd dentro de uma coluna com letras diferentes diferem significativamente. RMSE: Root mean square error (erro quadrático médio)

Tabela 6. Efeitos do genótipo e da dieta no LA, ALA, n-6 e n-3 %, e rácios LA/ALA e n-6/n-3 nos lípidos *do Longissimus dorsi* do novilho. AA Aberdeen Angus; CHA Charolaise x AA; HA Holando Argentino; Cn0.7%: Pasto+0,7% concéntrado; Cn1%. Pasto +1% concentrado; Cn85%: Concentrado + 85% de concentrado. Garcia et al.,2017

	LA%	ALA%	n-3%	n-6%	n-6/n- 3	LA/ALA	IMF%	PUFA%
AA	4.10	0.91a	2.07a	5,97	3.84b	6.36a	3.57	8.04
CHA	4.30	0.93a	2,03ab	6.24	3.78b	6.72a	3.80	8.27
HA	4.29	0.81b	1.82b	6.41	4.71a	8.05b	3.59	8.22
Pastagem	3.55b	1.38a	3.09a	5.48b	1.08	2.59c	2.89b	8,57ab
Cn0,7%	3.76b	0.99b	2.09b	5.61b	2.69	3.84bc	3,58ab	7.70b
Cn1.0%	3.94b	0.77c	1.69c	5.91b	3.61	5.31b	4.25a	7.61b
Cn85%	5.65a	0.39d	1.01d	7.82a	8.32	16.43a	3.90a	8.83a
RMSE	0.97	0.20	0.49	1.40	1.34	3.59	1.32	1.76
Genótipo	0.53	0.008	0.028	0.307	0.001	0.057	0.043	0.797
Dieta	0.000	0.000	0.000	0.000	0.000	0.000	0.000	0.005
GxD	0.611	0.267	0.348	0.537	0.004	0.381	0.135	0.609

^Significância dos efeitos principais (raça, regime alimentar) e da sua interação (G x D)

Os meios abcd dentro de uma coluna com letras diferentes diferem significativamente. RMSE: Root mean square error (erro quadrático médio)

n-3 (18:3+20:5+22:5+22:6); n-6 (18:2+18:3+20:3+20:4+22:4); PUFA%=n-6+n-3%. IMF: Gordura intramuscular

O genótipo afectou as proporções de ALA, n-3 LC-PUFAs e n-6/n-3 PUFA e LA/ALA. Os lípidos da carne de vaca de Holando Argentino (HA) apresentaram (^<*0*,001) proporções de ALA inferiores às de Aberdeen Angus (AA) e Charolaise x AA (CHA), mas sem diferenças significativas nas proporções de LA. Os AGCL n-6 totais eram semelhantes em todos os genótipos, ao passo que os AGCL n-3 totais eram mais baixos nos HA do que nos AA e CHA, que eram semelhantes. Os rácios LA/ALA e n-6/n-3 foram mais elevados no HA do que nos outros dois genótipos (Garcia *et al,* 2017).

Os efeitos do genótipo e da dieta nas contribuições estimadas (mg/100g de músculo *Longissimus dorsi* fresco) de LA, ALA e PUFAs n-3 e n-6 são apresentados no Quadro 7.

Tabela 7. Estimativa da contribuição dos ácidos gordos *do Longissimus dorsi* (mg/100g de tecido fresco) de acordo com o genótipo e a dieta. AA Aberdeen Angus; CHA Charolaise x AA; HA Holando Argentino; Cn0,7%: Pasto+0,7% concéntrado; Cn1%. Pasto +1% de concentrado; Cn85%: Concentrado + 85% de concentrado.

	LA	ALA	ARA	EPA	DPA	DHA
AA	144	31a	37c	10	17	10A
CHA	159	33a	41b	10	17	10A
HA	148	27b	47a	11	17	5B
Pastagem	101c	40a	31c	16a	21a	11A
Cn0,7%	126c	34b	37b	11a	18b	8AB
Cn1.0%	158b	32b	48a	9c	18b	8AB
Cn85%	216a	15c	49a	6c	11c	6B
RMSE	45,9	11.3	15.1	4.1	6.3	5.4
Genótipo	0.263	0.026	0.005	0.334	0.995	0.000
Dieta	0.000	0.000	0.000	0.000	0.000	0.008
GxD	0.847	0.945	0.640	0.478	0.473	0.000

*Significância dos efeitos principais (raça, dieta) e da sua interação (B x D)

abc os meios dentro de uma coluna com letras diferentes diferem significativamente.

RMSE: Root mean square errror (erro quadrático médio)

Os efeitos da dieta sobre as contribuições de LA, ALA, n-3 e n-6 e PUFAs totais foram mais importantes do que os efeitos do genótipo (Garcia *et al.* 2017)

Os índices nutricionais dos lípidos *do Longissimus dorsi* foram afectados pela dieta e pelo genótipo (Quadro 8).

Tabela 8. Índices nutricionais dos lípidos do músculo *Longissimus dorsi*. AA Aberdeen Angus; CHA Charolaise x AA; HA Holando Argentino; Cn0,7%: Pasto+0,7% concéntrado; Cn1%. Pasto +1% concentrado; Cn85%: Concentrado + 85% de concentrado. (Garcia et al. 2017)

Item	Genotype AA CHA HA			Diet Pasture Cn0.7% Cn1% Cn85%				RES M	Genotyp e	Diet	Gx D
n-3	2.07a	2.03a b	1.82b	3.09a	2.09b	1.69c	1.01d	0.49	**	***	NS
n-6	5.97	6.24	6.41	5.48b	5.61b	5.91b	7.82a	1.40	NS	***	NS
n-6/n-3	3.84	3.78	4.71	1.08	2.69	3.61	8.32	1.34	***	***	0.0 1
C18:2/C1 8:3	6.36	6.72	8.05	2.59c	3.84b c	5.31b	16.43 a	3.59	*	***	NS
C20:4/C2 0:5	4.36	5.71	6.79	2.01	3.55	5.28	11.63	3.03	**	***	**
IMF %	3.57	3.80	3.59	2.89b	3.58a b	4.25a	3.90a	1.32	NS	***	NS
SFA %	40.25	39.43	37.03	39.61	39.16	39.24	37.60	2.54	***	**	**
MUFA %	38.93 b	39.93 b	42.02 a	38.11	40.55 a	41.25 a	41.25 a	2.52	***	***	NS
PUFA %	8.04	8.27	8.22	8.57a b	7.70b	761b	8.83a	1.76	NS	**	NS
P/S	0.20	0.21	0.22	0.22a b	0.20b	0.20b	0.24a	0.05	NS	**	NS
MUFA/S FA	0.96b	1.01b	1.13a	0.96b	1.04a	1.05a	1.10a	0.23	***	***	NS
AI	0.49a	0.47a	0.41b	0.49a	0.46a b	0..44 b	0.44b	0.03	***	***	NS
TI	7.93	8.21	7.62	7.35b	7.34b	7.65b	9.35a	2.96	NS	***	NS
Tioesteara se	10.25	10.40	10.60	10.78 a	10.37 a	10.75 a	8.98b	1.93	NS	***	NS

a,b letras diferentes na mesma linha indicam diferenças significativas *p<0,05 **<0,01 *<0,001 n-3 (18:3+20:5+22:5+22:6); n-6 (18:2+18:3+20:3+20:4+22:4); PUFA%=n-6+n-3%. IMF: Gordura intramuscular

O genótipo, mas não as proporções totais de PUFA n-6, afectou as proporções totais de PUFA n-3. O total de AGPI n-3 foi mais elevado em AA e CHA em comparação com HA. O rácio n-6/n-3 foi mais elevado em HA em comparação com AA e Cha. Uma tendência semelhante foi seguida pelos rácios C18:2/C18:3 e C20:4/C20:5 (Garcia et al., 2017).

O rácio n-6/n-3 é considerado como um índice nutricional para a salubridade dos alimentos para consumo humano e não deve exceder um valor de 4 na dieta humana para prevenir a ocorrência de doenças cardiovasculares. O rácio C18:2 n-6/C18:3 n-3, considerado o melhor indicador das alterações na dieta dos ruminantes, da pastagem para o confinamento, segue uma tendência semelhante. O C20:5 n-3 modula os efeitos do C20:4 n-6 e a competência entre eles é biologicamente importante. A dieta afectou todos os parâmetros estudados, apresentando os valores mais elevados em comparação com AA e CHA e diminuindo à medida que as quantidades de cereais na dieta aumentavam. A contribuição total de PUFA n-6 depende apenas da dieta e aumenta com as quantidades de cereais na dieta. O rácio n-6/n-3 vai de 1,08 na alimentação em pastagem a 8,32 na alimentação em confinamento e reflecte claramente as diferenças entre as dietas. O rácio n-6/n-3 é considerado como um índice nutricional para a salubridade dos alimentos para consumo humano e não deve exceder um valor de 4 na dieta humana para prevenir a ocorrência de doenças cardiovasculares. O rácio C18:2 n-6/C18:3 n-3, considerado o melhor indicador das alterações na dieta dos ruminantes, da pastagem para o confinamento, segue uma tendência semelhante.

Os efeitos do genótipo e da dieta nos índices de Δ 5 dessaturase (C20:4/C20:3) e efeitos combinados de dessaturases e elongases (C20:3/C18:2, C20:4/C18:2) em n- 6 PUFA e elongase (C22:5/C20:5) e efeitos combinados de desaturases e elongases (C20:5/C18:3 e C22:5 /C18:3) em PUFA n-3 envolvidos no metabolismo de PUFA no músculo *Longissimus dorsi* em novilhos são dados na Tabela 9.

Tabela 9. Efeito da dieta e do genótipo nos índices enzimáticos dos *lípidos do Longissimus dorsi da carne de bovino.* AA Aberdeen Angus; CHA Charolaise x AA; HA Holando Argentino; Cn0,7%: Pasto+0,7% concéntrado; Cn1%. Pasto +1% concentrado; Cn85%: Concentrado + 85% de concentrado. (Garcia et al 2017).

Item	Genotype			Diet				RESM	Genotype	Diet	GxD
	AA	CHA	HA	Pasture	Cn0.7%	Cn1%	Cn85%				
C16:1/C16:0	0.14	0.14	0.17	0.14	0.15	0.15	0.16	0.02	***	***	**
C18:1/C18:0	2.59b	2.68b	3.15a	2.49c	2.75b	2.89ab	3.09a	0.31	***	***	NS
C18:1/C16:1	10.18a	10.58a	9.13b	9.96a	10.13a	10.06a	9.51b	1.12	***	***	NS
C20:4/C20:3	2.70b	2.87ab	3.31a	2.72	2.98	2.97	3.18	1.02	0.01	NS	NS
C20:3/C18:2	0.11	0.10	0.11	0.12	0.11	0.11	0.09	0.03	NS	***	*
C20:4/C18:2	0.27b	0.27b	0.34a	0.32a	0.31a	0.31a	0.24b	0.09	***	***	NS
C22:5/C20:5	1.82	2.04	1.96	1.38b	1.76b	2.04ab	2.58a	1.17	NS	***	NS
C20:5/C18:3	0.36ab	0.33b	0.41a	0.42	0.34	0.34	0.38	0.13	**	**	NS
C22:5/C18:3	0.62ab	0.59b	0.72a	0.53b	0.56b	0.61b	0.84a	0.24	**	***	NS

a,b letras diferentes na mesma linha indicam diferenças significativas *p<0,05 **<0,01 *<0,001

Δ 9 dessaturase: (C16:1/C16:0 e C18:1/C18:0); elongase (C18:1/C16:1); Δ 5 dessaturase (C20:4/C20:3) e efeitos combinados de dessaturases e elongases (C20:3/C18:2 e C20:4/C18:2) no metabolismo dos AGPI n-6 e elongase , C22.5/C20:5) e efeitos combinados de desaturases e elongases (C20:5/C18:3 e C22:5/C18:3) envolvidas no metabolismo dos PUFAs n-3.

O rácio C20:4n-6/C20:3n-6 foi afetado apenas pela raça, mas não pela dieta. O HA apresentou os valores mais elevados. A relação C20:4n-6/C18: a raça e a dieta afectaram 2n- 6. Este rácio foi mais elevado no HA mas diminuiu à medida que o grão na dieta aumentou. O rácio C22:5 n-3/C20:5 n-3 só foi afetado pela dieta e aumentou com o aumento dos cereais na dieta. Os rácios C20:5 n-3/C18:3 n-3 e C22:6n-3/C18:3n-3, que mostram a conversão de C18:3 n-3 em C20:5 e C22:6, foram afectados pela raça e pela dieta.

Maior em HA e aumentou à medida que o grão na dieta aumentou (Garcia et al., 2017)

As diferenças acentuadas entre os efeitos do EPA e do DHA indicam que não é possível generalizar os efeitos dos ácidos gordos ómega 3 na função celular. Será possível melhorar substancialmente a utilização terapêutica dos ácidos gordos n-3 com a descoberta dos diferentes mecanismos de ação do DHA e do EPA. A carne, o peixe, os óleos de peixe e os ovos são as únicas fontes significativas de AGPI n-3 de cadeia longa para o homem. Embora a carne de vaca tenha concentrações mais baixas destes AG em comparação com os peixes gordos, é uma fonte muito significativa para muitas pessoas com um baixo consumo de peixe.

O genótipo e a dieta do animal, que são os principais factores considerados nos actuais sistemas de produção de carne de bovino, afectaram o valor nutricional dos lípidos da carne de bovino. As proporções de LA e ALA e, por conseguinte, o rácio LA/ALA dos lípidos da carne de bovino eram geralmente mais saudáveis na carne de bovino alimentada com erva do que na carne de bovino alimentada com cereais. Considerando a importância da competição entre o LA e o ALA na síntese de LC n-3 PUFAs e, por conseguinte, nas concentrações de EPA, DPA e DHA nos lípidos da carne de bovino, é possível otimizar os genótipos e as dietas dos animais. A conceção da dieta será de grande importância para melhorar o valor nutricional da carne de bovino. Ao alimentar corretamente os animais, resolvemos o problema do consumo excessivo de ácidos gordos n-6 em detrimento de ácidos gordos n-3, sem alterar praticamente a dieta. Em conclusão, é possível manipular a composição de ácidos gordos da carne de bovino para um perfil mais saudável. Embora estas alterações pareçam modestas, para quem não come peixe, os produtos animais, como a carne de vaca, são as únicas fontes de AGPI n-3 de cadeia longa, e qualquer melhoria na composição em ácidos gordos da carne de vaca resultará num aumento do consumo de ácidos gordos n-3.

Referências

abril, R., Garret, J., Zeller, S.G., Sander, W.J. & Mast, R.W. (2003). Avaliação da segurança de microalgas ricas em DHA de Schizochytrium sp: Parte V. Segurança/toxicidade do animal-alvo em suínos em crescimento. *Regul.Toxicol. Pharmacol,* **7**:73-82.

Aharoni, Y, Orlow, A., Brosh, A., Granit, R. & Kanner, J. (2005). Effects of soybean supplementation of high forage fattening diet on fatty acid profiles in lipid depots of fattening bull calves, and their levels of blood vitamin E. *Animal Feed Science and Technology,* **119**:191-202.

Alfaia, C.M.M., Ribeiro, V.S.S., Lourenco, M.R.A., Quaresma, M.A.G., Martins, S.I.V., Portugal, A.P.V., Fontes, C.M.G.A., Bessa, R.J.B., Castro, M.L.F., Prates, J.M.A. (2006). Composição em ácidos gordos, isómeros do ácido linoleico conjugado e colesterol da carne de novilhos cruzados produzidos intensivamente e de novilhos de raça pura alentejana criados de acordo com as especificações da Carnalentejana-PDO. *Ciência da Carne,* **72:**425-436.

Alfaia, C.P.M., Alves, S.P., Martins, S.I.V., Costa, A.S.H., Fontes, C.M.G.A.,Lemos, J.P.C., Bessa, R.J.B. & Prates, J. a. M. (2009). Efeito do sistema de alimentação nos ácidos gordos intramusculares e isómeros do ácido linoleico conjugado de bovinos de carne, com ênfase no seu valor nutricional e capacidade discriminativa. *Química dos Alimentos,* **114**:939-946.

Ashes, J. L., Siebert, B.D., Gulati, S.K., Cuthbertson, A.Z. & Scott, T.W. (1992). Incorporação de ácidos gordos n-3 do óleo de peixe nos tecidos e lípidos séricos de ruminantes. *Lipids*, **27**:629-631.

Aurousseau, B., Bauchart, D., Calichon, E., Micol, D. & Priolo, A. (2004). Efeito dos sistemas de alimentação com concentrado de erva e da taxa de crescimento sobre os triglicéridos e fosfolípidos e respectivos ácidos gordos no M. *Longissimus thoracis* dos borregos. *Meat Science,* **66**:531-545.

Barcelo-Coblijn, G. & Murphy, E.J. (2009). Ácido alfa-linolénico e sua conversão em ácidos n-3 de cadeia mais longa: benefícios para a saúde humana e um papel na manutenção dos níveis de ácidos gordos n-3 nos tecidos. *Progress in Lipid Research,* **48**:355-374.

Barton, L., Bures, D., Kott, T. & Rehak, D. (2011). Effects of sex and age on bovine muscle and adipose tissue fatty acid composition and stearoyl-CoA desaturase mRNA expression. *Meat Science,* **89**:444-450.

Basarab, J.A., Mir, P.S., Aalhus, M., Shah, A., Baron, V.S., Okine, E.K., Robertson, W.M. (2007). Effect of sunflower seed supplementation on the fatty acid composition of muscle and adipose tissue of pasture-fed and feedlot finished beef. *Canadian*

Journal of Animal Science, **87:**71-86.

Bordoni, A, Lopez Jimenez, J.A.,Spano, C., Biagi, P., Horrobin, D.F.& Hrelia, S. (1996). Metabolismo do linoleico e do alfa-linolénico em cultura de cardiomiócitos: efeito de diferentes suplementos de ácidos gordos n-6 e n-3. *Mol. Cell. Biochem,* **157**:217-222.

Boufaied, H., Chouinard PV., Tremblay GF., Petit H.V., Michaud R. e Belanger B. (2003) Fatty acids in Forages. I. Factores que afectam as concentrações. *Canadian Journal Animal Science,* **83:**501-511.

Brenna, J.T., Salem Jr., N., Sinclair, A.J. & Cunnana, S.C., (2009). Suplementação com ácido alfa-linolénico e conversão em ácidos gordos polinsaturados de cadeia longa n-3 em humanos. *Prostaglandins, Leukotrienes and Essential Fatty Acids,* **80**:85-91.

Brenner, R.R. (1989). Factores que influenciam o alongamento e a dessaturação da cadeia de ácidos gordos. *Em A.J. Vergroesen & M. Crawford (Eds.) The role of fat in humannutrition. London: Academic press.*

Burdge, G.C.& Calder, P.C. (2005). Conversão do ácido a-linolénico em ácidos gordos polinsaturados de cadeia longa em adultos humanos. *Reprod. Nutr. Dev,* **45**:581-597.

Carder, P.C. , Dangour A.D., Diekman C., Eilander A., Koletzko B., Meijer et al. (2010) Essential fats for future health. Actas do 9º Simpósio de Nutrição da Unilever. 26-27 de maio de 2010. *Jornal Europeu de Nutrição Clínica,* **64**:S1-S13.

Cardoso, K.H.M., Guaratini, T., Barros, M.T., Falcão, V.R., Tonon, A.P., Lopez, A.P. et al. (2007). Metabolitos de algas com impacto económico. *Comparative Biochemistry and Physiology,* Part C, **146**:60-78.

Chiofalo, B., Simonella, S., Di Grigoli, A., Liotta, L.,Frenda, A.S., Lo Presti, V., Bonanno, A. & Chiofalo, V.(2010). Composição química e ácida do longissimus dorsi de cordeiros Comisana alimentados com trifolium subterraneum e Lolium multiflorum. *Small Ruminant Research,* **88**:89-96.

Choi, N.J., Enser M., Wood J.D., Scollan N.D. (2000) Effect of breed on the deposition in beef muscle and adipose tissue of dietaty n-3 polyunsaturated fatty acids. *Animal Science,* **71**:509-519.

Clapham, W.H., Foster J.G., NEEL J.P.S. & Fedders J.M. (2005) Fatty acid composition of traditional and novel forages. *Journal Agricultural Food Chemistry,* **53:**1068-73.

Corazzin, M., Bovolenta, S., Sepulcri, A., Piasentier, E. (2012). Efeito da adição de sementes de linhaça inteiras na produção e qualidade da carne de touros jovens italianos Simmental e Holstein. *Ciência da Carne,* **90:** 99-105.

Costa, P., Roseiro, L.C., Partidario, A., Alves, V., Bessa, R.J.B., Calkins, C.R., Santos,

C. (2006). Influência da época de abate e do sexo na composição em ácidos gordos, colesterol e alfa-tocoferol de diferentes músculos da vitela Barrosa-PDO. *Ciência da Carne,* **72**: 130-139.

Cunane, S.C.(2003).Problems with essential fatty acids:time for a new paradigm? *Progress Lipid Research,* **42**:544-568.

Cunnane, S.C.: & Anderson, M.J.,(1997). A maior parte do linoleato dietético em ratos em crescimento é beta-oxidada ou armazenada na gordura visceral. *Journal of Nutrition,* 127:146-152.

Daley, C.A., Abbott, A., Doyle, P.S., Nader, G.A., Larson, S.A. (2010). Revisão dos perfis de ácidos gordos e do teor de antioxidantes na carne de bovino alimentada com erva e com cereais. *Nutrition Journal,* **9:** 1-12.

Dance, I.J.E., Matthews, K.R., Doran, G. (2009). Effect of breed on fatty acid composition and stearoyl-CoA desaturase protein expression in the *Semimembranosus* muscle and subcutaneous adipose tissue of cattle. *Livestock Science,* **125:** 291-297.

Demar, J.C., Ma, K., Chang, I.,Bell, J.M. & Rapoport, S.I. (2005). O ácido alfa-linolénico não contribui de forma apreciável para o ácido docosahexaenóico nos fosfolípidos cerebrais de ratos adultos alimentados com uma dieta enriquecida em ácido docosahexaenóico. ***Journal Neurology,*** **94**:1063-1076.

Dewhurst R.J., Scollan N.D., Youell J. , Tweed J.K. & Humpherys M.O. (2001) Influence of species, cutting date and cutting interval on the fatty acid composition of grasses. *Grass and Forage Science,* **56:** 68-74.

Dewhurst R.J., Moorby J. M., Scollan N.D., Tweed J.K.S. e Humpherys M.O. (2002) Effects of a stay-green trait on the concentrations and stability of fatty acids in perennial ryegrass. *Grass and Forage Science,* **57**, 360-366.

Diaz M.T., Alvarez I., De la Fuente J., Sañudo C., Campo M.M., Oliver M.A. e et al. (2005) Fatty acid composition of meat from typical lamb production systems of Spain, United Kingdom, Germany and Uruguay. *Meat Science,* **71:** 256-263.

Domingo, J. L, Bocio, A., Falco, G. & Llobet, J.M. (2007).Benefits and risks of fish consumption I. A quantitative analysis of the intake of omega -3 fatty acids and chemical contaminants. *Toxicologia,* **230**:219-226.

Duckett, S.K., Neel, J.P.S., Lewis, R.M., Fontenot, J.P., Clapham, W.M. (2013). Efeitos de espécies forrageiras ou acabamento concentrado no desempenho animal, carcaça e qualidade da carne, *Journal of Animal Science,* **91:**1454-1467.

Duckett, S.K., Pratt S.L., Pavan E. (2009). Suplementação de óleo de milho ou de grãos de milho a novilhos que pastam festuca alta sem endófitos. II. Efeitos no teor de ácidos gordos subcutâneos e na expressão de genes lipogénicos. *Journal of Animal Science,* **87:** 1120-1128.

EFSA. Painel Europeu de Segurança Alimentar para os Produtos Dietéticos, Nutrição e Alergias (NDA) (2010). Parecer científico sobre os valores de referência dietéticos para as gorduras, incluindo os ácidos gordos saturados, os ácidos gordos polinsaturados, os ácidos gordos monoinsaturados, os ácidos gordos trans e o colesterol. Autoridade Europeia para a Segurança dos Alimentos. *(EFSA) Journal,* **8:**1459-1507. Parma. Itália

ELSGERMA A., ELLEN G., HORST H., MOUSE B.G., BOER H. e TAMMINGA S. (2003) Influência da cultivar e da data de corte na composição em ácidos gordos da erva-rainha perene. *Ciência das gramíneas e forragens,* **58:** 323-331

Enser, M., Richardson, R. I., Wood, J.D.,Gill, B.P.& Sheard, P.R. (2000).Feeding linseed to increase the n-3 PUFA of pork: Fatty acid compositionof muscle, adipose tissue, liver and sausages. *Meat Science,* **55**: 201-212.

Faucitano,l., Chouinard, P.Y., Fortin, J.J., Mandell, I.B., Lafreniere, C.& Girard, C.L., Berthiaume, R. (2008). Comparação de sistemas alternativos de produção de carne de bovino baseados em dietas de acabamento forrageiro ou de forragem de cereais com ou sem promotores de crescimento: 2. qualidade da carne, composição em ácidos gordos e palatabilidade geral. *Journal Animal Science,* **86**:1678-1689.

Organização das Nações Unidas para a Alimentação e a Agricultura. (2010). Fats and fatty acids in Human Nutrition (Gorduras e ácidos gordos na nutrição humana): *Report of an expert consultation, FAO Food and Nutrition* Paper 91, FAO. Roma.

French, P., Stanton, C., Lawless, F., O'Riordan, E.g., Monahan, F.J., Caffrey, P.J.& Moloney, A.P. (2000). Fatty acid composition , including conjugated linoleic acid, of intramuscular fat from steers offered grazed grass, grass silage or concentrate -based diets. *Journal Animal Science,* **78:**.2849-2855.

French P., O'Riordan E.G., Monahan F. J., Caffrey P.J. e Moloney A.P. (2003) Fatty acid composition of intramuscular triacylglycerols of fed autumn grass and concentrates. *Livestock Production Science,* **81**, 307-317.

García, P. T., Pordomingo, A., Perez, C. A., Rios, M.D.& Casal, J.J. (2007). Influência do corte e da estação do ano na composição em ácidos gordos de culturas forrageiras para a produção de carne de bovino em pastagem. *Actas do 53º Congresso Internacional de Ciência e Tecnologia da Carne,*. 97-98-

Garcia, P.T., Pensel, N.A, Sancho, A.M., Latimori, N.J., Kloster, A. M. , Amigone, M.A.& Casal, J.J. (2008). Lipídios da carne bovina em relação à raça e nutrição animal na Argentina. *Meat Science,* **79**:500-508.

Garcia, P.T., Casal, J.J. (2012). Teor de ácidos linoleico e alfa-linolénico em lípidos de porco, vaca e borrego. Em Linoleic acid: Sources, Biochemical Properties and Health Effects. Editor Igho Onakpoya, Nova Science Publishers 1ª edição ISBN 978-1-62257-399-8.

García, P. T., Pordomingo, A., Perez, C. A., Rios, M.D., Sancho AM, Casal, J.J. (2015). Influência da cultivar e da data de corte na composição de ácidos graxos de forrageiras para produção de carne bovina a pasto na Argentina. *Grass and Forage Science,* DOI 10:1111/gfs.12167.

Garcia PT, Latimori N, Sancho, AM, Casal JJ. (2017) Efeitos da dieta e do genótipo nos ácidos gordos polinsaturados n-e dos lípidos da carne de bovino. *Pesquisa em Agricultura,* DOI org/10.22158/ra n1pA 1:12.

Gester H. (1998) Podem os adultos converter adequadamente o ácido alfa-linolénico em EPA e DHA? *International Journal for Vitamin and Nutritional Research,* **68**:159173.

Gorjao, R., Acevedo-Martins,A.K.,Gomez Rodrigues, H., Abdulkader, F., Arcisio-Miranda, M., Procopio, J.& Curi, R. (2009). Efeitos comparativos do DHA e do EPA na função celular. *Pharmacologia &Therapeutics,* **122**: 56-64.

Goyens, P.LL.,Spilker, M.E., Zock, P.L., Katan, M.B.& Mensink, R.P. (2006). A conversão do ácido a-linolénico em humanos é influenciada pelas quantidades absolutas de ácido a-linolénico e ácido linoleico na dieta e não pelo seu rácio. *American Journal Clinical Nutrition,* **84**:44-53.

Griswold KE, Apgar GA, Bouton J et al. (2003) Effects of urea infusion and ruminal degradation protein concentration on microbial growth, digestibility and fermentation in ccontinous culture. *Journal Animal Science,* **81**:329-336.

Harfoot, C.G. & Hazelwood, G.P. (1988). Lipid metabolism in the rumen. *Em The Rumen Microbial Ecosystem, 2nd ed. P.N. Hobson, ed. Elservier Science Publishing Co., Inc., Nova Iorque, NY.*

Herdmann, A., Martin, J., Nuernberg, G., Wegner, J., Dannenberger, D., Nuernberg, K (2010) Como é que as dietas enriquecidas com ácidos gordos n-3 (restrição de curto prazo vs. sem restrições) e ácidos gordos n-6 afectam o perfil de ácidos gordos em diferentes tecidos de touros alemães da raça Simmental? *Meat Science,* **86**:712-719.

Howe, P., Meyer, B., Record, S., Baghurst, K. (2006). Dietary intake of long-chain omega 3 polyunsaturated fatty acids: contribution of meat sources. *Nutrition,* 22: 47-53.

Humada, M.L., Serrano, E., Sañudo, C., Rolland, D.C., Dugan, M.E.R. (2012). Efeitos do sistema de produção e da idade de abate nos ácidos gordos intramusculares de touros jovens da raça Tudanca. *Meat Science,* **90:** 678-685J

James, M.J., Ursin, V.M.& Cleland, L.G. (2003). Metabolismo do ácido esteáridónico em seres humanos: comparação com o metabolismo de outros ácidos gordos n-3. *American Journal of Clinical Nutrition,* **77**:1140-1145.

Jiang, T., Busboom, J.R., Nelson, M.L., O'Fallon, J., Ringkob, T.P., Joos, D. & Piper,

K. (2010). Effectof sampling fat location and cooking on fatty acid composition of beef steaks. *Meat Science,* **84**:86-92.

Kaduce,T.L., Chen, Y.,Hell, J.W. & Spector, A.A.(2008). Síntese de ácido docosahexaenóico a partir de precursores de ácidos gordos n-3 em neurónios do hipocampo de ratos. *Journal Neurochem,* 2800.

Lee M.R., Parfitt L.J., Scollan N.D. e Minchin F.R. (2007) Lipólise em trevo vermelho com diferentes actividades de polifenol oxidase na presença e ausência de fluido ruminal. *Journal of the Science of Food and Agriculture,* **87**, 1308-1314.

Lee, M.R.F., Evans, P.R., Nute, G.R., Richardson, R.I., Scollan, N.D. (2009). Uma comparação entre a alimentação com silagem de trevo vermelho e silagem de erva na composição de ácidos gordos, estabilidade da carne e qualidade sensorial do *músculo* M. *Longissimus* de vacas leiteiras de reforma. *Meat Science,* **81**, 738-744.

Leheska, J.M., Thompson, L.D., Howe, J.C., Hentges, E., Boyce, J., Brooks, J.C., Shcriver, B., Hoover, L., Miller, M.F (2008) Effects of conventional and grass-feeding systems on the nutrient composition of beef. *Journal of Animal Science,* **86**, 3575-3585.

Lorenz, S., Buttner, A., Ender , K., Nuernberg, G., Papstein, H.J., Schieberle, P.& Nuernberg, K.(2002). Influência do sistema de manutenção na composição de ácidos gordos no músculo longissimus de touros e odorantes formados após cozedura sob pressão. *Eur. Food Res Technol,* **214**:112-118.

Lourenco M., Van Ranst G., Vlaeminck B., De Smet S. e Fievez V. (2008) Influência de diferentes forragens na composição de ácidos gordos da digestão ruminal, bem como da carne e do leite de ruminantes. *Animal Feed Science and Technology,* **145**, 418-435.

Ludden, P.A., Kucuk, O., Rule, D.C.& Hess,B.W. (2009). Crescimento e composição de ácidos gordos da carcaça de novilhos alimentados com óleo de soja durante um período crescente antes do abate. (2009). *Meat Science,* **82**: 185-192.

Malau-Aduli, A.E.O., Siebert, B.D., Bottema, C.D.K., Pitchford, W.S. (1998). Comparação entre raças da composição de ácidos gordos de fosfolípidos musculares em gado Jersey e Limousin. *Journal of Animal Science,* 76, 766-773.

Mandell, I.B., Buchanan-Smith, J.G., Holub, B.J.& Campbell, C.P. (1998) Effects of fish meal in beef cattle diets on growth performance, carcass characteristics, and fatty acid composition of longissimus Muscle. *Journal Animal Science,* **75**:910-919.

Martin J.C, Valeille K. (2002). Conjugated linoleic acids: all the same or to everyone its own. *Reprodução, Nutrição e Desenvolvimento,* **42**:525-536.

Mel'uchova B., Blasko J., Kubinec R., Gorova R., Dubravska J., Margentin M. e Sojak L. (2008) Variações sazonais na composição de ácidos gordos de plantas forrageiras de pastagem e teor de CLA na gordura do leite de ovelha. *Small Ruminant Research,* **78**, 5665.

Mir,P.S., McAllister, T.A., Zaman, S., Jones, S.D.M., He, M.L., Aalhus,J.L., Jeremiah, L.E., Goonewardene, L.A-, Weselake, R..J.& Mir, Z. (2003).Effect of dietary sunflower oil and vitamin E on beef cattle performance, carcass characteristics and meat quality. *Canadian Journal Animal Science,* **83**:53-66.

Moghadasian, M.H., (2008). Advances in dietary enrichment with n-3 fatty acids, *Critical Reviews in Food Science and Nutrition,* **48**:402-410.

Monteiro, A.C.G., Santos-Silva, J., Bessa, R.J.B., Navas, D.R. & Lemos, J.P.C. (2005). Composição em ácidos gordos da gordura intramuscular de touros e novilhos. *Ciência da Produção Animal,* **99**:13-19.

Monteiro, A.C.G., Fontes, M.A., Bessa,R.J.B., Prates,J.A.M. & Lemos, J.P.C. (2012). Lípidos intramusculares da carne de vaca Mertolenga DOP, da carne de vitela Mertolenga DOP e da vitela "Vitela Tradicional do Montado" IGP. *Química Alimentar,* **132**:1486-1494.

Muchenje, V., Hugo, A., Dzama, K. Chimonyo, M., Strydom, P.E., Raats, J.G. (2009). Níveis de colesterol e perfis de ácidos gordos da carne de vaca de três raças bovinas criadas em pastagem natural. *Journal of Food Composition and Analysis,* **22:** 354-358.

Napier, J.A. (2007). A produção de ácidos gordos invulgares em plantas transgénicas. *Annu. Rev. Plant. Biol.,* **58**:295-319.

Noci, F., French, P., Monahan, F.J.& Moloney, A.P., (2007). The fatty acid composition of muscle fat and subcutaneous adipose tissue of grazing heifers supplemented with plant oil-enriched concentrates. *Journal Animal Science,* **85**:1062-1073.

Ntambi, J. M. (1999) Regulation of stearoyl desaturases (SCD) by PUFAs and cholesterol. *Journal Food Science,* **59**:1262-1266.

Nuernberg, K., Dannenbrger, D., Nuernberg, G., Ender, K., Voigt, J., Scollan, N.D., Wood, J.D., Nute, G.R.& Richardson, R.I. (2005). Efeito de um sistema de alimentação à base de erva e de um concentrado nas caraterísticas de qualidade da carne e na composição em ácidos gordos do músculo longissimus em diferentes raças de bovinos. *Livesstock Production Science,* **94**:137-147.

Owen, P.W.& Singh, A. (2005). Ácidos gordos Omega 3/6: Fonte alternativa de produção. *Process Biochemistry,* **40**:3627-3652.

Pariza, M.W., Park Y., Cook M.E. (2001) The biologically active isomers of conjugated linoleic acid. *Progress of Lipid Research,* 283-298.

Pawlosky, R. J., Hibbeln, Lin, Y., Goodson, S., Riggs, P., Sebring, N., Brown, G.L. &

Salem, N. Jr (2003). Effects of beef and fish based diets on the kinetics of n-3 fatty acid metabolism in human subjects. *American Journal Clinical Nutrition,* **7**: 565-572.

Pestana J. M., Costa A.S.H., Alves S.P., Martins S.V. e Alfaia C.M. (2012) Efeito das alterações sazonais e do tipo de músculo na qualidade nutricional da gordura intramuscular da carne de vitela Mirandesa-PDO. *Ciência da Carne,* **90:** 819-827.

Petrie, J..R.,Shrestha, P., Mansour, M.P.& Nichols, D.N.(2010). Engenharia metabólica de ácidos gordos polinsaturados de cadeia longa ómega 3 em plantas utilizando uma acil-CoA A6 dessaturase com preferência w3 da microalga marinha Micromonas pusilla. *Metabolic Engineering,* **12**:233-240.

Portolesi, R., Powell, B.C.& Gibson, R.A. (2007). A competição entre 24:5n-3 e ALA pela A6 desaturase pode limitar a acumulação de DHA nas membranas das células HepG2. *Journal of Lipid Research,* **48**: 1592-

Preston, R.L. (2004).Typical composition of feeds for cattle and sheep. *Beef Mag. http//www.beefmagazine. com/mag/beef_typicalcomposition _feed/index. html.*

Raes, K., De Smet , D. & Demeyer, D. (2004). Effect of dietary fatty acids on incorporation of long chain polyunsaturated fatty acids and conjugated linoleic acid in lamb,beef and pork meat: A review. *Animal Feed Science and Technology,* **113**:199-221.

Robert, S.S, Singh,S., Zhou, X.R.,Petrie,J.R.,Blackburn, S., Mansour, P.M.,Nichols, P.D., Liu, Q.& Green, A.(2005) .Metabolic engineering of Arabidopsis to produce nutritionally important DHA in seed oil. *Funct.Plant Biol.,* **32**:473-479.

Russo, G.L. (2009). Ácidos gordos polinsaturados n-6 e n-3 da dieta: Da bioquímica às implicações clínicas na prevenção cardiovascular. *Biochemical Pharmacology,* **77**: 937-946.

Sarries, M.V., Murray, B.E., Moloney, A.P., Troy, D., Berian, M.J. (2009). Effect of cooking on the fatty acid composition of Longissimus dorsi muscle from beef steers fed fed rations designed to increase the concentration of conjugated linoleic acid in tissue. *Meat Science,* **81**, 307-312.

Sato, S., Xing, A., Ye, X., Schweiger, B., Kinney, A., Graef, G.& Clement,,, T. (2004) . Produção de ácido X-linolénico e ácido estearidónico em sementes de soja transgénica sem marcadores. *Crop Science,* **44**: 646-652.

Sayanova , O.V.& Napier, J.A. (2004). Eicosapentaenoic acid: biosynthetic routes and the potential for synthesis in trnsgenic plants. *Phytochemistry,* **65**:147158.

Scollan, J.P., Hocquette, L.P., Nuernberg, K., Dannenberger, D., Richardson, I., Moloney, A. (2006). Inovação nos sistemas de produção de carne de bovino que melhoram o valor nutricional e sanitário dos lípidos da carne de bovino e a sua relação com a qualidade da carne. *Meat Science,* **74:** 17-33.

Sexten, A.K., Krehbiel, C.R., Dillwith, J.W., Madden, R.D., Mc Murphy, C.P., Lalman, D.L., Mateescu, R.G. (2012). Efeito do tipo de músculo, raça do pai e tempo de desmame na composição de ácidos gordos de novilhos em acabamento. *Journal of Animal Science,* **90:** 616-625.

Simopoulos A.P. (2008) The importance of the omega 3/omega 3 ratio in cardiovascular disease and other cronic diseases. *Exp. Biol. Med,* **233**: 674-688.

Sinclair, A.J. & O'Dea, K. (1990). As gorduras na dieta humana ao longo da história: Estará a dieta ocidental desfasada? In: J.D. Wood e A. V. Fisher (Ed.). Reducing Fat in Meat Animals (Reduzir a Gordura em Animais de Carne). 1. Elservier Applied Science, Nova Iorque.

Sirot, V., Oseredzuk, M., Bemrah-Aouachria, N.,Volatier, J.L& Leblanc, J.C. (2008). Composição lipídica e de ácidos gordos do peixe e do marisco consumidos em França: Estudo CALIPSO. *Journal of Food Composition and Analysis,* **21**:8-16.

Smink W, Vestegen MW, Gerritz WJ. (2013) Effect of the intake of linoleic acid and alpha-linolenic acid on conversion into long-chain polyunsaturated fatty acids in back fat and in intramuscular fat of growing pigs. *Journal Animal Physiology and Animal Nutrition,* **97**:558-565.

Smith, S.B., Gill, C.A., Lunt, D.K. & Brooks, M.A. (2009). Regulação da composição da gordura e dos ácidos gordos em bovinos de carne. *Asian -Australasian Journal of Animal Science,* **22**:1225-1233.

Sprecher H. (2000) Metabolism of highly unsaturated n-3 and n-6 fatty acids. *Biochim. Biophys Ata,* **1486**:219-231.

Turk,S.N. & Smith, S .B. (2009). Carcass fatty acid mapping. *Meat Science,* **81**, 658-663.

Van Elswyk, M.E., McNeill, S.H. (2014). Impacto da alimentação com capim / forragem versus acabamento de grãos nos nutrientes da carne bovina e na qualidade sensorial: The U.S. experience. *Meat Science,* **96:** 535-540.

Van Ranst G., Lee M.R.F. & Fievez V. (2010) Red clover polyphenol oxidase and lipid metabolism, Animal,doi: 10.1017/S1751731110002028.

Varela, A., Oliete, B., Moreno, T., Portela, C., Monserrat, L. & Caballo, J. et al. (2004). Efeito do acabamento em pastagem sobre as caraterísticas da carne e o perfil de ácidos gordos intramusculares de novilhos da raça Rubia Gallega. *Meat Science,* **67**:515-522.

Vasta, V., Priolo, A., Scerra M., Hallet, K.G. , Wood, J.D. & Doran, O. (2009) . A9 desaturase protein expression and fatty acid composition of longissimus dorsi muscle in lamb fed green herbage or concentrate with or without added tannins. *Meat Science,* **82**: 357-364.

Vasta, V., Pagano, R.I., Luciano, g., Scerra, M., Caparra , P., Foti, F. et al. (2012). Efeito da manhã vs. tarde na composição de ácidos gordos intramusculares em borrego. *Ciência da Carne,* **90**:93-98.

Venegas-Caleron, M. Sayanova, O.& Napier, J.A. (2010). Uma alternativa aos óleos de peixe: Engenharia metabólica de culturas de sementes oleaginosas para produzir ácidos gordos polinsaturados de cadeia longa ómega 3. *Progress in Lipid Research,* **49**:108-109.

Wang, H.F., Ye, J.A., Li, C.Y., Liu, J.X.& Wu, Y.M. (2011). Efeitos da alimentação de arroz integral combinada com óleo de soja no desempenho de crescimento, caraterísticas de qualidade da carcaça e perfil de ácidos gordos do músculo Longissimus e tecido adiposo de suínos. *Livestock Science,* **136**: 64-71.

Whelan, J. (2008). The health implications of changing linoleic acid intakes (As implicações para a saúde da alteração da ingestão de ácido linoleico). *Prostaglandins, Leukotrienes and Essential Fatty Acids (Prostaglandinas, Leucotrienos e Ácidos Gordos Essenciais),* **79,** 165-168.

Williams, C.M. (2000). Dietary fatty acids and human health (Ácidos gordos alimentares e saúde humana). *Annales de Zootecnie,* **49:** 165-180.

Wood , J.D. & Enser, M. (1997). Factores que influenciam a composição de ácidos gordos na carne e o papel dos antioxidantes na melhoria da qualidade da carne. *British Journal of Nutrition*, **78**:S49-50.

Woods, V.B.& Fearon, A.M. (2009). Fontes dietéticas de ácidos gordos insaturados para animais e sua transferência para a carne, leite e ovos. A review. *Livestock Science,* **126**:1-20.

Worm, B.& Barbier, E.B. (2006). Resposta aos comentários sobre "Impacts of biodiversity loss on ocean ecosystem service". *Science,* **316**:1285

Wu, G., Truksa, M., Datla, N., Vrinten, P., Bauer, J., Zank, T.,Cirpus, P., Heinz, E. & Qiu , X. (2005). *Engenharia passo a passo para produzir altos rendimentos de PUFA de cadeia muito longa em plantas. Nat. Biotecnology* , **23**:1013-1017.

Zembalashy M, Nishimura K, Lunt D.K., Smith S.B. (1995) Effect of breed and sex on the fatty acid composition of intramuscular fat of finishing steers and heifers. *Journal Animal Science,* **73**: 3325-3332.

Zhang V.Y., Zhang L.S., Wang H.B., Xing Y.P., Adolighe C.M., Ujan J.A. (2010) Efeito do sexo nas caraterísticas de qualidade da carne do gado Qinchuan . *Jornal Africano de Biotecnologia,* **9**: 4504-4509.

Printed by Books on Demand GmbH, Norderstedt / Germany